Vincent Grassot

Glyco-gènes régulés par les cellules satellites en différenciation

Vincent Grassot

Glyco-gènes régulés par les cellules satellites en différenciation

Etude de leur implication dans le processus de fusion chez le modèle murin

Presses Académiques Francophones

Impressum / Mentions légales

Bibliografische Information der Deutschen Nationalbibliothek: Die Deutsche Nationalbibliothek verzeichnet diese Publikation in der Deutschen Nationalbibliografie; detaillierte bibliografische Daten sind im Internet über http://dnb.d-nb.de abrufbar.

Alle in diesem Buch genannten Marken und Produktnamen unterliegen warenzeichen-, marken- oder patentrechtlichem Schutz bzw. sind Warenzeichen oder eingetragene Warenzeichen der jeweiligen Inhaber. Die Wiedergabe von Marken, Produktnamen, Gebrauchsnamen, Handelsnamen, Warenbezeichnungen u.s.w. in diesem Werk berechtigt auch ohne besondere Kennzeichnung nicht zu der Annahme, dass solche Namen im Sinne der Warenzeichen- und Markenschutzgesetzgebung als frei zu betrachten wären und daher von jedermann benutzt werden dürften.

Information bibliographique publiée par la Deutsche Nationalbibliothek: La Deutsche Nationalbibliothek inscrit cette publication à la Deutsche Nationalbibliografie; des données bibliographiques détaillées sont disponibles sur internet à l'adresse http://dnb.d-nb.de.
Toutes marques et noms de produits mentionnés dans ce livre demeurent sous la protection des marques, des marques déposées et des brevets, et sont des marques ou des marques déposées de leurs détenteurs respectifs. L'utilisation des marques, noms de produits, noms communs, noms commerciaux, descriptions de produits, etc, même sans qu'ils soient mentionnés de façon particulière dans ce livre ne signifie en aucune façon que ces noms peuvent être utilisés sans restriction à l'égard de la législation pour la protection des marques et des marques déposées et pourraient donc être utilisés par quiconque.

Coverbild / Photo de couverture: www.ingimage.com

Verlag / Editeur:
Presses Académiques Francophones
ist ein Imprint der / est une marque déposée de
OmniScriptum GmbH & Co. KG
Heinrich-Böcking-Str. 6-8, 66121 Saarbrücken, Deutschland / Allemagne
Email: info@presses-academiques.com

Herstellung: siehe letzte Seite /
Impression: voir la dernière page
ISBN: 978-3-8381-4674-4

Zugl. / Agréé par: Limoges, Université de Limoges, 2013

Copyright / Droit d'auteur © 2014 OmniScriptum GmbH & Co. KG
Alle Rechte vorbehalten. / Tous droits réservés. Saarbrücken 2014

« L'espace d'une vie est le même qu'on le passe en chantant ou en pleurant »

Proverbe japonais

Remerciements

Certains me demandent si je pense avoir fait une bonne thèse. Vous savez moi je ne crois pas qu'il y ait de bonne ou de mauvaise thèse. Moi si je devais résumer ma thèse avec vous aujourd'hui, je dirais que c'est avant tout des rencontres. Des gens qui m'ont tendu la main, à un moment où je ne pouvais pas, où j'étais seul chez moi après que l'on m'ait refusé un financement à Grenoble. Et puis un matin, ce coup de téléphone m'annonçant qu'une candidate s'est désistée pour ce sujet et que mon profil ferait l'affaire. Et c'est curieux de se dire que le hasard forge une destinée. Parce que lorsqu'on a le goût de la recherche, on ne trouve pas parfois de laboratoire malgré tout. Alors ce n'est pas mon cas comme je vous le disais, et je dis merci à la vie de m'avoir offert cette chance. Même si cette thèse n'était pas dans ma spécialité au départ et que j'arrivais en terre inconnue et si l'on me demande encore « mais comment as-tu fait pour t'en sortir ? », je réponds simplement que ce sont les rencontres que j'ai faites et ce goût de la recherche qui m'ont permis aujourd'hui de soutenir cette thèse. Et qui me permettront demain de me mettre tout simplement au service de la communauté scientifique, à travers mes futurs projets.

Je souhaiterais donc remercier toutes les personnes qui sont intervenues au cours de ma thèse, que ce soit par un mot, un geste ou beaucoup plus.

Je remercie vivement le Dr. Anne Bonnieu et le Pr. Christelle Breton d'avoir accepté de juger ce travail. Merci également de m'avoir aidé à évoluer en tant qu'apprenti chercheur. Parce que vous m'avez offert ma chance en M2, merci à vous Christelle et parce que vous m'avez appris beaucoup sur les cellules satellites et que votre participation à mon comité de thèse à été très enrichissant merci à vous Anne.

Je remercie également le Dr. Claude Dechesne d'avoir accepté d'examiner mon travail.

Je souhaiterai remercier le Professeur Abderrahman Maftah pour son accueil au sein de l'UMR et sa collaboration sur la valorisation de mes travaux, merci également d'avoir accepté d'examiner mes travaux de thèse.

Merci au Professeur Jean-Michel Petit, même s'il n'aime pas que je mette son titre devant son nom. Grâce à vous, j'ai pu exploiter mon plein potentiel de recherche, vous m'avez toujours laissé la possibilité de diversifier mes expériences tout en les recadrant par rapport au sujet. Vous m'avez donné la chance de pouvoir enseigner et encadrer des stagiaires, d'aller valoriser mon travail à l'étranger, d'apprendre et de collaborer avec d'autres équipes. Et sans votre intervention, je dois bien avouer que le manuscrit ne serait pas ce qu'il est aujourd'hui. Merci pour tout.

Merci Lionel, pour ton aide et ta compréhension à mon égard vis-à-vis des TLDA et de tout ce qui concerne Applied en général. Merci Fabrice pour ta collaboration sur divers points de ma thèse et celle qui va continuer lors de mon poste ATER. Merci pour les arrangements d'emploi du temps que tu m'as accordés pour me permettre de rédiger et de soutenir dans les meilleures conditions. Merci Débora pour ton travail, ton acharnement à obtenir la signature des bons de commandes et pour toutes nos petites discussions.

Cher Anne, un grand merci. Les clusters que nous avons faits étaient... Un pur plaisir !!! Surtout que j'ai longuement hésité sur les gènes à utiliser. Tes analyses ont permis la validation statistique dont mes résultats avaient besoin. Et ton humeur toujours au beau fixe était tellement agréable. Réellement merci pour ton aide précieuse.

Merci aux habitants du monde du 4/5, Sébastien même si tu es parti dans une pièce voisine, je n'oublie pas les nombreuses discussions et rigolades que nous avons pu avoir, ni ton aide à mon arrivée alors que j'étais encore tout perdu. Audrey puis Nathalie, vos arrivées successives ont clairement rehaussées l'ambiance du labo ainsi que le nombre de questions scientifiques existentielles. Nous nous sommes progressivement liés d'amitié et avons passé de bonnes soirées ensemble. Et les bonnes petites pauses devant un épisode de kaamelott ou un rewind m'ont permis de bien décompresser dans la dernière ligne droite. Merci les filles, pour votre indulgence musicale, je sais que j'écoute parfois des morceaux un peu particuliers... Mélanie, merci pour ta parfaite collaboration technique et pour ton aide précieuse en TP sans laquelle je n'aurais parfois même pas pu faire une PCR...

Je remercie aussi Stéphane et Claire. Stéphane, nous avons partagé bien plus qu'une salle de culture et une machine à café. Toutes les fois où nous nous sommes croisés ont été l'occasion de nombreux échanges très enrichissants, que ce soit sur les expériences (un grand merci pour Itga11) ou sur des conseils perso. Une fois encore, quelques bonnes soirées passées ensemble ainsi qu'avec miss Claire. Claire, tu resteras une des personnes les plus funs que j'ai rencontré (un peu dingue peut-être mais ça, nous le sommes tous). Je remercie également tous mes amis d'ici et d'ailleurs qui m'ont apporté leur soutien, je pense à Alexia et Mola, à Julie et Yoda ainsi qu'à Soph et sa petite famille, mes amis de toujours. Je pense aussi à Audrey et Mister Legrino et à notre folle croisière, à Rinette et Jean-Etienne pour nos soirées de jeux endiablés, évidemment à Antoine pour nos apéros tardifs et toutes les accrobaties que tu m'as fait réaliser et bien sûre à Benoit pour nos soirées détentes musicales et nos squashs acharnés. J'ai souvent manqué de prendre de vos nouvelles et de vous voir mais vous êtes restés à mes côtés pendant ces trois ans. Un grand merci à vous mes amis.

Amel, mon amie venue d'en bas. L'étrangère et son sourire à toute épreuve qui rayonne depuis le labo voisin. Gentillesse et sincérité son deux qualités que j'ai eu le bonheur d'apprécier chez toi. Ensemble nous avons souvent échangé sur les manips, le cinéma et même la religion. Reste toujours celle que tu es, une amie géniale.

Ce n'est pas sans un petit sourire aux lèvres que je remercie Luce. Il va de soi que je te remercie pour les nombreuses soirées cinéma qui ne sont pas prêtes de s'arrêter. N'oublions pas tous ces fous-rires, ces critiques aiguisées et ces moqueries assassines. Et je n'oublie pas non plus ton aide au laboratoire jusqu'à la fin de la rédaction. Merci beaucoup pour tout ce que nous avons partagé. A mon grand regret, je n'ai pas pu évoquer la carte illimitée mais nous en reparlerons lors de notre prochaine soirée, mon amie.

Merci à toi Katy, tout ce que tu as fait pour moi et pour le laboratoire en général est tout simplement extra. A toi, je dois un certain nombre de protocoles, des idées et parfois même du matériel génétique. Des discussions scientifiques et un peu moins mais en même temps il en faut. Et d'excellentes histoires guyanaises à raconter à ma famille, tout le monde est impressionné quand je parle de toi. L'humour et la blague de la « madeleine », dont je ne peux m'empêcher de rire encore aujourd'hui. Encore une fois merci pour tous les bons moments passés ensemble. Ici ou ailleurs tu resteras une amie précieuse. Non je ne jetterais plus de tubes dans les tirelires jaunes ! Et maintenant, à toi d'en finir.

Mon capitaine Brun, Caro pour les intimes, toi qui a couru ce marathon à mes côtés. On ne compte plus le nombre de discussions qui a débouché sur des idées géniales. Une fois encore, ma thèse a été enrichie de notre rencontre. Ton aide sur la culture cellulaire à mon arrivé a été d'un grand secours. Oh oui, le végétaliste que je suis était bien perdu lorsqu'il est arrivé à Limoges. Ne parlons pas des protocoles que je t'ai empruntés à toi aussi, merci. Bien sûr que non ce n'est pas fini, tu es toi aussi une amie de choix. Il existe un endroit en France où tu as enterré un secret pour moi en même temps que tu m'évitais la noyade. Tout cela en plus des gendarmes chez moi pour mon anniversaire fait que je ne t'oublierai jamais. Et je conclurai en disant, merci du fond du cœur et à tout bientôt à Ottawa.

Je souhaiterai dédier cette thèse, d'abord à celle qui est aujourd'hui ma moitié, Delphine. Éternellement je te serai reconnaissant d'avoir été à mes côtés pendant ces trois ans. Ton soutien et ta présence au quotidien m'ont souvent permis de garder la tête haute et de continuer malgré les difficultés. Aujourd'hui tu portes notre enfant, je ne peux pas être plus comblé. Ici nous nous sommes épanouis et cette thèse aura été l'occasion de s'aimer encore plus fort. Ma « bichette », mon amour, merci d'avoir accepté mes absences répétées et ma mauvaise humeur parfois injustifiée. Entre toi et moi c'est bien pour la vie et ma gratitude envers toi aussi.

Je garde une pensée pour tous les membres de ma famille bien sûre et également pour ma belle-famille, toutes ces années passées nous ont rapprochées au point que vous êtes devenus une vraie seconde famille pour moi. Je vous porte aujourd'hui dans mon cœur et vous dis à tous un grand merci pour votre soutien.

Enfin, je dédie également cette thèse à ma famille et à mes parents sans qui rien n'aurait été possible. Cela fait peut-être un peu cliché mais il est vrai que sans vous je n'en serais certainement pas là aujourd'hui. Je vous dois très certainement la vie et plusieurs fois vu mon état de santé étant tout petit. Vous vous êtes tellement bien occupés de moi qu'on ne peut même plus imaginer aujourd'hui quels problèmes j'ai pu avoir. Et concernant les études, vous avez tout accepté et tout fait pour que je réalise mes rêves de recherche, de l'internat à la faculté, vous m'avez motivé, soutenu et financé. Je sais que cela vous a demandé un certain nombre de sacrifices pour que mes études se passent dans les meilleures conditions possibles et je vous en remercie du fond du cœur. Bientôt je serai père à mon tour et j'espère être pour mon enfant au moins la moitié des parents que vous avez été pour moi. J'ai tellement voulu que vous restiez toujours fiers de moi, et aujourd'hui à la fin de 23 années d'études, je n'ai plus comme en maternelle une petite sculpture en pâte à sel à vous offrir mais simplement tout mon cœur dans ces remerciements et ce doctorat qui vous appartient autant qu'à moi. Julien, mon grand frère, tu m'en as appris des choses. Tu as toujours été de bon conseil pour moi et ton soutien pendant toutes ces années m'a aidé à aller de l'avant. En tant qu'aîné, tu étais mon modèle, ton travail et la passion que tu as mis à devenir l'homme avisé que tu es aujourd'hui m'ont donné l'envie de devenir l'homme que je suis aujourd'hui. Ma petite sœur chérie, tu as tellement grandi depuis le temps où tu venais frapper à ma porte pour savoir si tu pouvais venir dormir dans ma chambre. Tu es une femme maintenant, tu as surmonté toutes tes difficultés pour obtenir tes diplômes et réaliser ton rêve de travailler en pharmacie. Je sais à quel point cela a pu être dur pour toi et en cela tu as aussi été un exemple pour moi de travail et d'acharnement. C'était bien loin d'être gagné d'avance et ensemble nous avons réussi, aujourd'hui c'est à mon tour de te dire merci. Bien sûr j'ai également une pensée pour toi Laura, tu as rejoint notre famille depuis longtemps maintenant. Malgré des débuts difficiles, tu es vite devenue ma belle-sœur adorée. Toi qui as connu les longues études aussi, avoir quelqu'un à qui parler, ayant les mêmes difficultés, m'a permis de me sentir mieux compris et a été d'un grand réconfort parfois. Papa, Maman, Julien, Marion et Laura, je vous aime très fort.

Liste des Abréviation :

ACTR-I/-II : Activin Receptor-I/-II

Akt/mTOR : Serine-threonine protein kinase/mammalian Target Of Rapamycin

anti-IgG : anti-Immunoglobuline G

aP2 : adipocyte fatty acid binding Protein 2

bHLH : basic Helix Loop Helix proteins

BMP : Bone Morphogenetic Protein

CHST : Carbohydrate Sulfotransferase

CHST5 : Carbohydrate Sulfotransferase 5

CMD : Dystrophies Musculaires Congénitales

CSM : Cellules Satellites Murines

Dlk1 : (Protein delta homolog 1)

DMD : Dystrophies Musculaire de Duchenne

DMMB : 1-9 dimethyl-methylene blue

ECL : Enhanced Chemiluminescent

EDTA : Ethylene-diamine-tetra-acetic acid

EGF : Epidermal Growth Factor

EGFR, IGFR, FGFR et PDGFR : Récepteurs aux EGF, IGF, FGF et PDGF

eNOS : endothelial nitric oxide synthase

Erk : Extracellular signal-Regulated Kinase

Erk-MAPK : Extracellular signal-Regulated Kinase/ Mitogen-activated protein kinase

FABP4 : Fatty Acid Binding Protein 4

FAK : Focal Adhesion Kinase

FCMD : CMD de Fukuyama

FGF : Fibroblast Growth Factor

FKRP : Fukutine Related Protein

FKTN : Fukutine

FUT : Fucosyltransférase

GAGs : Glycosaminoglycanes

GALNTs : GalNAc Transférases

GDF8 : Growth/Differentiation Factor 8

GPI : Glyccosyl-Phosphatidyl-Inositol

GT : Glycosyltransférases

GTDC2 : Glycosyltransferase-Like Domain Containing 2

HAS1 et 2 : Hyaluronan synthase 1 et 2

HRP : Horseradish Peroxidase

IGF : Insuline like Growth Factor

IGFBP 1 : IGF binding protein 1

ISPD : Isoprenoid Synthase Domain Containing)

Itga/b : Intégrine alpha/béta

ITGA11 : Intégrine alpha-11

KS : Kératanes Sulfates

LAP : Latente Associate Peptide

Lbx1 : Ladybird hemeobox protein homolog 1

Lef1 : Lymphoid enhancer-binding factor 1)

LGDM : Dystrophies Musculaire « Limb-Girdle »

mdx : X-chromosom linked muscular dystrophy

MEC : Matrice Extracellulaire

Mef2 : Myogenic enhancer factor 2

MMP : métalloprotéases matricielles

MRF : Myogenic Regulatory Factor

Myf : Myogenic factor

MyHC : Chaine lourde de myosine

MyoD : Myoblast Determination protein

PA : Plasminogen Activator

Pax : Paired box protein

PBS : Phosphate Buffer Saline)

PCR : Polymérase Chaine Reaction

PDGF : Platelet Derived Growth Factor

PFA : Paraformaldéhyde

Pitx2 : Pituitary homeobox 2)

PoFut1 : Peptide O-Fucosyltransférase 1

PoGlut : Protein O-Glucosyltransférase

POMTs : Protein O-Mannosyltransferase

PPAR-Gamma : Peroxisome proliferator-activated receptor gamma

RGD : Arginine-Glycine-Aspartate

RQ : Relative Quantification

R-Smad : récepteur des Smads

SF/HGF : Scatter Factor/ Hepatocyte Growth Factor

Shh : Sonic Hedgehog

shRNA : small hairpin RNA

Smad : Mother against decapentaplegic homolog

TGF : Transforming Growth Factors

TGF-βR: Récepteur au TGF-β

TLDA : Taqman Low Density Array

TMEM5 : Transmembrane Protein 5

TSRs : Thrombospondin type1 Repeats

VCAM1 : Vascular cell adhesion protein 1

VLA-4 : complexe intégrine α4/β1

Wnt : Wingless-related

WWS : Syndrome de Walker-Warburg

α-DG : alpha-Dystroglycane (gène *DAG1*)

Table des matières

Avant-Propos 20

Données Bibliographiques 3

Les muscles : 26
Les différents types de muscles : 26

Le muscle squelettique 28
Les différents niveaux d'organisation : 28
Les différents types de fibre : 29
Des somites au muscle squelettique : 32

Cellules satellites : Activation, régénération et maintien 37

Les acteurs moléculaires de la myogenèse : 46
Les facteurs Pax (Paired box protein) 46
Les Facteurs de Régulation Myogénique ou MRF 46

Glycanes et surface cellulaire 50
Synthèse des structures glycaniques : 50
La matrice extracellulaire (MEC) : 68

Les facteurs externes 77
La myostatine ou GDF8 77
Les Facteurs Bone Morphogenic Proteins (BMP) 78
Les Wnt 81

Les glycoprotéines membranaires 82
L'alpha Dystroglycane 82
Les intégrines 84

La trans-différenciation des cellules satellites 90

Les myopathies 94

Projet de thèse 100

Matériels et Méthodes 102

Dissection 104

Culture cellulaire : 104
Cellules C2C12 104

Les cellules satellites 104

Différenciation des cellules 105

Fixation et coloration 106

Détermination du pourcentage de fusion 106

Extraction des ARN totaux et rétrotranscription 106

PCR quantitative (qPCR) en temps réel 107

Quantification relative de l'expression des gènes 107

Clustering **108**

Extraction des protéines et dosage protéique **109**

Western Blot **110**

Pour l'Intégrine alpha 11 (ITGA11) 110

Pour la Carbohydrate Sulfotransférase 5 (CHST5) 111

Expérience de neutralisation **111**

Knock-down par shRNA **112**

Production de plasmides contenant des shRNA 112

Extraction plasmidique 112

Transfection des cellules 113

Efficacité de transfection 113

Bone Morphogenetic Protein 2 .... **114**

Amplification de la séquence codante de BMP2 à partir d'ADNc 114

Séquençage 115

Clonage de BMP2 115

Extraction et dosage des Kératanes sulfates (KS): **116**

Résultats et discussions 118

Sélection des glyco-gènes impliqués dans la myogenèse **120**

Différenciation des cellules satellites murines (CSM) et sélection des glyco-gènes spécifiques de la myogenèse 120

Glyco-gènes impliqués spécifiquement dans la myogenèse 124

Analyse par clustering « sans a priori » 127

La myogenèse requiert l'intervention de protéines d'adhésion, des kératanes sulfates ainsi que des hyaluronanes 129

Sélection des glycogènes dont la variation est spécifique à la trans-différenciation **131**

La trans-différenciation adipogénique maintient l'inhibition de la voie myogénique et nécessite la synthèse d'héparanes sulfates 134

Diminuer l'expression d'Itga11 inhibe la fusion cellulaire **138**

    Knock-down d'*Itga11* par shRNA 138

    L'inhibition d'*Itga11* n'influe pas sur l'initiation du programme de différenciation myogénique. 142

    La neutralisation d'ITGA11 par traitement anticorps induit une inhibition partielle de la fusion cellulaire.143

Diminuer l'expression de Chst5 diminue la fusion **145**

    Knock-down de *Chst5* 145

    L'expression de la protéine CHST5 est diminuée par le Knock-down 147

    L'inactivation de l'expression de *Chst5* ne modifie pas le programme myogénique 148

    Initiation des travaux sur l'influence des kératanes sulfates sur la fusion des CSM. 149

L'Alpha-dystroglycane et son phospho-mannosyl-glycane lors de la différenciation et de la trans-différenciation des CSM **151**

Conclusions et perspectives 156

La différenciation myogénique des CSM requiert une surproduction de kératanes sulfates et des protéines d'adhésion **159**

    Remodelage de la MEC 159

    La nécessité de Chst5 160

    Changement dans les protéines d'adhésion 162

    L'importance de *Itga11* 164

    Synthèse du *O*-mannosyl-glycane phosphorylé de l'alpha-dystroglycane 166

La pré-adipogenèse des CSM nécessite l'inhibition de la différenciation myogénique **167**

Pour l'avenir **171**

Annexes 174

Annexe 1. Séquence de l'amplifiat de Bmp2 .... **176**

Annexe 2. Liste des 383 gènes étudiés triés par ordre alphabétique **178**

Annexe 3. Tableau des gènes ayant des variations communes en myogenèse et pré-adipogenèse des CSM. 179

Bibliographie 180

Listes des Figures

Figure 1. Photos de coupe longitudinale des trois types de muscle et leur représentation schématique. 27

Figure 2. Représentation schématique de l'organisation des filaments d'actine au sein d'un myotube. 28

Figure 3. Représentation schématique des différents niveaux d'organisation du muscle squelettique. 29

Figure 4. Représentation schématique des deux principaux types de myosine retrouvés dans le muscle squelettique. 30

Figure 5. Photo d'une coupe d'un faisceau musculaire murin montrant les différents types de fibres présentes dans un muscle squelettique. 31

Figure 6. Schéma de la formation des somites et de leur compartimentation. 33

Figure 7. Schéma simplifié de la myogenèse. 35

Figure 8. Schéma de la régénération du muscle squelettique après une lésion. 37

Figure 9. Cellule satellite et les différentes interactions avec les composants de la "niche". 39

Figure 10. Schéma de régulation du signal de prolifération par le syndécane et le glypicane. 41

Figure 11. Effet du vieillissement sur la cellule satellite et son environnement. 44

Figure 12. Schéma de l'organisation transcriptionnelle des différents facteurs conduisant à la myogenèse à différents stades évolutifs. 47

Figure 13. Activation et répression de l'expression d'un gène régulé par MyoD 49

Figure 14. Les deux principaux types de repliements retrouvés dans les superfamilles de glycosyltransférases. . 51

Figure 15. Exemple des différentes structures glycaniques et leur localisation dans les cellules de Vertébrés. 52

Figure 16. Représentation schématique des deux formes de O-mannosylation les plus connues. 55

Figure 17. Schéma de la synthèse de N-glycanes au sein de l'appareil Golgi. 58

Figure 18. Modèle hypothétique de régulation de certains procédés cellulaires dépendant des glyco-gènes hautement variants durant la différenciation myogénique des C2C12. 59

Figure 19. Structures et noms usuels des différents groupes de glycosphyngolipides dérivant du lactosylcéramide et retrouvés chez les mammifères. 60

Figure 20. Structures et voies de synthèse des gangliosides. 62

Figure 21. Rafts lipidiques dans les cellules HeLa. 63

Figure 22. Implication des radeaux lipidiques dans le processus de la fusion cellulaire. 64

Figure 23. Représentation schématique des Glycosaminoglycanes. 64

Figure 24. Synthèse de la chaine de kératane sulfate 66

Figure 25. Sucre de liaison des trois types de kératane sulfates. 67

Figure 26. Modifications subies par les glycanes qui composent la chaine polysaccharidique des héparanes sulfates 68

Figure 27. Schéma de la matrice extracellulaire présente au niveau du muscle squelettique. 69

Figure 28. Synthèse du sucre de liaison des héparanes et chondroïtines sulfates. 71

Figure 29. Organisation structurale d'un dimère de fibronectine. 72

Figure 30. Organisation structurale des différentes formes de tenascine. 73

Figure 31. Représentation schématique de l'organisation de la laminine. 74

Figure 32. Formation de la myostatine active à partir de son précurseur. 78

Figure 33. Modèle d'activation de la différenciation par un facteur de la famille des BMP. 80

Figure 34. Schéma du dystroglycane et de ses interactions, en particulier avec la laminine-2 82

Figure 35. Exemple de signalisation « intérieur-extérieur » et « extérieur-intérieur » passant par les intégrines. . 85
Figure 36. Les différents complexes intégrines pouvant se former. 85
Figure 37. Consensus sur la structure de base des sous-unités alpha et béta humaines. 88
Figure 38. Différenciation d'une cellule mésenchymateuse en adipocyte et ostéocyte. 90
Figure 39. Cellules C2C12 en différenciation myoblastique ou en trans-différenciation ostéogénique. 91
Figure 40. Photo d'une cellule satellite en trans-différenciation adipogénique. 92
Figure 41. Mutations identifiés au niveau du gène DMD humain. 95
Figure 42. Identification des différentes mutations du gène codant la fukutine responsables de dystrophies 97
Figure 43. Détermination de la concentration protéique de l'échantillon X par la méthode de Bradford. 110
Figure 44. Technique de pyro-séquençage utilisée pour le séquençage du fragment de BMP2. 116
Figure 45. Comparaison des pourcentages de CSM différenciées ou trans-différenciées. 120
Figure 46. Différenciation des cellules satellites murines en myotubes ou pré-adipocytes. 121
Figure 47. Expression des marqueurs myogéniques et pré-adipocytaires. 122
Figure 48. Différenciation myogénique des C2C12 en présence ou en absence de Matrigel^{TM} dans les boites. . 124
Figure 49. Détermination des glyco-gènes spécifiques de la myogenèse. 125
Figure 50. Arbre résultant de la classification hiérarchique sans *a priori* et clusters associés. 127
Figure 51. Analyse par clustering des glyco-gènes variant significativement durant la différenciation myogénique des CSM. 128
Figure 52. Procédé de sélection des gènes spécifiques à la voie pré-adipogénique. 132
Figure 53. Comparaison de la régulation des intégrines pour les CSM engagées dans les voies de différenciation myogénique ou pré-adipogénique. 135
Figure 54. Profils d'expression des gènes dont les produits sont impliqués dans la synthèse des kératanes sulfates lors de la myogenèse et de la pré-adipogenèse. 137
Figure 55. Sélection du shRNA anti-*Itga4* le plus efficace sur les deux types cellulaires. 138
Figure 56. Vérification de l'effet ou non des différents traitements par shRNA sur l'expression d'Itga11. 139
Figure 57. Les knock-down d'*Itga4* et d'*Itga11* réduisent le nombre de myotubes observés. 140
Figure 58. Le knock-down d'*Itga11* inhibe la fusion cellulaire. 141
Figure 59. Expression de MRFs au cours de la différenciation de CSM traitées par shRNA anti-*Itga11*. 142
Figure 60. Détection par western blot de la protéine ITGA11 au cours de la myogenèse. 143
Figure 61. Le traitement par des anticorps anti-ITGA4 et anti-ITGA11 induit une inhibition de la fusion. 144
Figure 62. Sélection du shRNA anti-*Chst5* présentant l'effet le plus important sur les CSM. 145
Figure 63. Le knock-down de *Chst5* inhibe la fusion cellulaire. 146
Figure 64. Variation du taux de CHST5 au cours de la différenciation des CSM en absence ou en présence du shRNA anti-*Chst5*. 148
Figure 65. Expression de MRFs au cours de la différenciation de CSM traitées par le shRNA anti-*Chst5*. 149
Figure 66. Suivi de l'expression de *Dag1* et des gènes dont les produits seraient impliqués dans l'élaboration du phospho-mannose au cours de la myogenèse de CSM. 152
Figure 67. Suivi de l'expression de *Dag1* et des gènes dont les produits seraient impliqués dans la synthèse du phospho-mannosyl-glycane au cours de la pré-adipogenèse des CSM. 153
Figure 68. Régulation du processus de synthèse des *O*-glycanes et des KS au cours de la différenciation myogénique des CSM. 160

Figure 69. Modèle de régulation de la myogenèse impliquant les intégrines. 163
Figure 70. Modèle de régulation de la pré-adipogénèse. 168

Listes des Tableaux

Tableau 1. Les différents types de collagènes, leurs combinaisons et principales localisations. 70
Tableau 2. Complexes formés par les différentes sous-unités intégrines et leurs ligands potentiels. 86
Tableau 3. Nomenclature des dystrophies et les gènes qui y sont associés. 98
Tableau 4. Séquences des amorces utilisées pour déterminer l'efficacité du knock-down des gènes cibles 114
Tableau 5. Soixante-sept gènes régulés spécifiquement durant la différenciation myogénique des CSM. 123
Tableau 6. Liste des 31 gènes sélectionnés ayant une variation d'expression spécifique à la myogenèse. 126
Tableau 7. Classification des 31 gènes sélectionnés. 130
Tableau 8. Liste des gènes ayant une variation ou un niveau d'expression spécifique à la trans-différenciation adipogénique des CSM. 133
Tableau 9. Variations observées dans chacune des voies de différenciation des CSM pour les gènes utilisés dans les deux modèles. 170

Avant-Propos

L'Unité de Génétique Moléculaire Animale (UMR1061-INRA/Université de Limoges), dirigée par le Professeur Adberrahman Maftah, a engagé de nombreux travaux visant à mieux connaître et comprendre le développement musculaire.

Au sein de l'unité, j'ai intégré l'équipe de recherche « Glycosylation et Myogenèse », composée à l'heure actuelle de 2 Professeurs, 6 Maitres de conférences, 2 Ingénieurs, 1 Technicienne et 6 doctorants. Les travaux effectués par l'équipe ont pour but de mettre en évidence les relations existantes entre le développement musculaire et la glycosylation. Cette équipe est dirigée par le Professeur Abderrahman Maftah. Mon travail de thèse, sous la direction du Professeur Jean-Michel Petit, s'est inscrit dans la thématique « remodelage des structures glycaniques lors de la myogenèse » qu'il dirige au sein de l'équipe. .

Dans ce contexte mon travail de thèse s'appuie sur une première étude qui démontra que parmi une liste de 375 glyco-gènes, 37 étaient susceptibles de jouer un rôle majeur dans la différenciation myogénique des cellules de la lignée myoblastique murine C2C12. L'objectif majeur de mon travail de thèse est d'explorer les glyco-gènes lors de la différenciation de la cellule musculaire squelettique. Dans un premier temps, j'ai étudié les variations de transcription de 383 glyco-gènes au cours des différenciations myogéniques des cellules satellites murines en culture primaire. En confrontant les résultats à ceux obtenus sur la lignée cellulaire C2C12, nous avons affiné la liste des 37 glyco-gènes variant fortement lorsque des cellules myoblastiques se différencient en myotubes. Dans le même esprit d'approche soustractive, j'ai observé les variations d'expression de ces gènes quand les mêmes cellules satellites sont induites dans une trans-différenciation pré-adipocytaire. Nous avons établi ainsi la liste des gènes impliqués, fortement et uniquement, dans la différenciation myogénique. Une validation statistique par clustering sans *a priori* a été réalisée en parallèle afin de confirmer notre sélection.

Dans un second temps, les gènes *Itga11* (Intégrine alpha 11) et *Chst5* (Carbohydrate sulfotransferase 5), présentant les plus fortes variations d'expression au cours de la différenciation myogénique parmi ceux retenus, ont fait l'objet d'une étude fonctionnelle. Pour cela, des cultures de cellules satellites en différenciation myogénique ont été traitées avec des anticorps ou des « small hairpin » RNA (shRNA) afin de neutraliser ou d'inhiber les produits de ces deux gènes. Les effets sur la différenciation myogénique ont été appréciés grâce au calcul de l'indice de fusion et à la mesure de l'expression des facteurs de régulation myogénique (MRFs). Ces études fonctionnelles nous ont permis de conclure sur l'importance de ces gènes dans le processus de fusion lié à la différenciation des cellules satellites engagées dans la voie myogénique. L'étude portant sur *Chst5* a fait l'objet de l'encadrement d'un étudiant de Master 2 Recherche, M. James Saliba de l'Université de Tripoli au Liban.

De la même façon, j'ai participé à l'encadrement d'une stagiaire, Melle Héloïse Auclair en 1ère année de master à l'Université de Limoges. L'étude avait pour objet les variations d'expression de gènes, décrits comme potentiellement impliqués dans la synthèse du trisaccharide phosphorylé porté par l'alpha-dystroglycane et permettant sa liaison à la laminine. Nous avons regardé les expressions au cours de la différenciation myogénique et de la trans-différenciation adipogénique des cellules satellites. Nous avons constaté que l'expression de quatre des cinq gènes étudiés était corrélée avec celle de l'alpha-dystroglycane, quel que soit la voie de différenciation. Ceci renforce l'hypothèse de leur implication dans la glycosylation de l'alpha-dystroglycane.

Enfin, tous les glycogènes jugés pertinents pour la myogenèse murine, sont en cours d'étude chez le bovin avec comme modèles les cellules satellites en culture primaire. Ce travail est réalisé grâce à la collaboration avec deux équipes des centres INRA de Theix et de Montpellier.

Données Bibliographiques

Les muscles :

Les muscles sont très importants pour la plupart des vertébrés, il arrive même que chez certains animaux, ils représentent la majeure partie du poids (Picard et al., 2003). Cela paraît normal lorsqu'on sait qu'ils sont impliqués dans de nombreuses fonctions vitales, comme les battements du cœur, la respiration, la locomotion, ou encore la thermorégulation (Gilbert, 1997). Les muscles se distinguent des autres tissus par une activité contractile, régulière ou non, adaptée aux fonctions qu'ils assurent. On retrouve donc plusieurs types de muscles au sein d'un organisme (Figure 1).

Les différents types de muscles :

I. *Le muscle lisse :* impliqué dans les fonctions dites « réflexes » telles que la contraction des intestins (processus de digestion) et celle des vaisseaux (pression sanguine et thermorégulation) ainsi que plusieurs autres actions involontaires, exceptés la respiration et les battements du cœur (Lacombe, 2007). La contraction de ces muscles est engendrée par le système nerveux autonome grâce à un influx nerveux plus ou moins régulier selon la fonction du muscle. Lorsqu'on observe les cellules des muscles lisses, après coloration à l'hématoxyline (colore les noyaux en violet) et à l'éosine (colore le cytoplasme en rose), on s'aperçoit que ces cellules fusiformes possèdent un seul noyau en position centrale et apparaissent comme non striées (Figure 1A) malgré une composition en protéines contractiles semblable aux autres cellules musculaires.

II. *Le muscle cardiaque :* responsable des battements réguliers du cœur, il est lui aussi contrôlé par le système nerveux autonome qui lui envoi des décharges régulières afin de générer les contractions (Ebashi et al., 1969). Les cellules de ce tissu apparaissent striées après coloration, elles possèdent un ou deux noyaux en position centrale et sont les seules cellules musculaires à pouvoir présenter des ramifications (Figure 1B).

III. *Le muscle squelettique :* ainsi nommé par son rattachement aux os *via* les tendons, ce type de muscle est contrôlé principalement par le système nerveux somatique. Responsables de la locomotion et du maintien de la posture, ces muscles se contractent de façon réfléchie. Les cellules des muscles squelettiques sont striées à cause de l'arrangement des protéines contractiles (Luther et al., 2011). Présentés sous forme de microtubes contractiles multi-nucléés, les myotubes ont la particularité d'avoir leurs noyaux excentrés. De plus, des cellules quiescentes, appelées cellules satellites, sont situées à la périphérie des myotubes (Figure 1C). Ces dernières sont des cellules pluripotentes qui interviennent dans la croissance musculaire post-natale et le processus de régénération musculaire (Church et al., 1966 ; Kang and Krauss, 2010). Le muscle squelettique contient différents niveaux d'organisation, allant du myotube au muscle Figure 2.

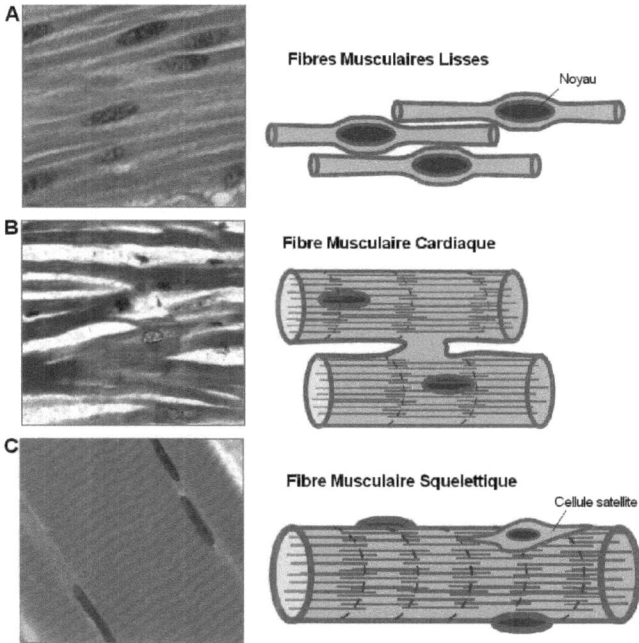

Figure 1. Photos de coupe longitudinale des trois types de muscle et leur représentation schématique.
Les photos ont été prises en microscopie photonique, après coloration à l'hématoxyline/éosine *(Sites Atlas d'Histologie et Jussieu)*. A. Fibres musculaires lisses, fusiformes avec un seul noyau central. B. Fibres musculaires cardiaques, ramifiées, elles apparaissent légèrement striées, les noyaux sont centraux. C. Fibres musculaires squelettiques, striées de façon très régulière, les noyaux sont à la périphérie.
Dans les représentations schématiques associées, les ovales violets représentent les noyaux et les traits bleus représentent les filaments d'actine et de myosine qui permettent la contraction musculaire et sont responsables de l'apparition des stries (représentées par les traits rouges pointillés)

Le muscle squelettique

Les différents niveaux d'organisation :

I. *La Myofibrille* : encore appelée *myotube* est l'unité de base du muscle. C'est la particularité du muscle squelettique, les cellules musculaires, appelées myoblastes, vont fusionner entre elles afin de former une myofibrille. En coupe longitudinale, ces myofibrilles apparaissent striées à cause de l'organisation particulière des filaments d'actine (fins et épais). Tous les noyaux sont visibles en périphérie du myotube. En coupe transversale, on observe une organisation drastique des filaments entre eux. La représentation la plus courante et la plus ancienne pour cette organisation montre les filaments fins formant des hexagones autour des filaments épais (Figure 2 ; Coujard et Poirier, 1980).

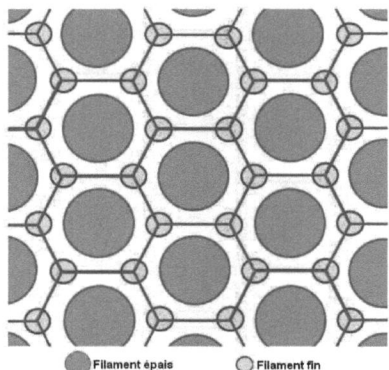

Figure 2. Représentation schématique de l'organisation des filaments d'actine au sein d'un myotube.
Les filaments fins forment des hexagones autour des filaments épais.

II. *La Myofibre* : ce niveau est composé de plusieurs amas circulaires de 8 ou 9 myofibrilles entourées de sarcoplasme. La fibre est elle-même entourée par le sarcolemme.

III. *Le Faisceau* : il est composé d'une douzaine de myofibres entourées par l'*endomysium*.

IV. *Le Muscle* : il est formé par l'assemblage de tous les faisceaux, entourés de *perimisium*. Il y aura plus ou moins de faisceaux selon la taille et la forme du muscle. Enfin la couche la plus externe, recouvrant toute la surface du muscle, est l'*epimisium* (Figure 3).

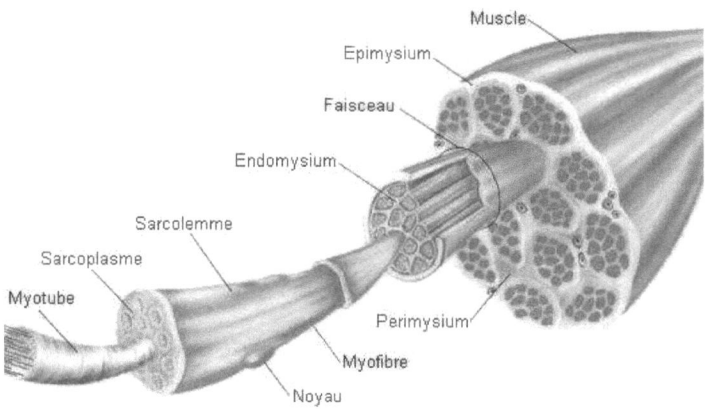

Figure 3. Représentation schématique des différents niveaux d'organisation du muscle squelettique.
Le muscle se décline en 4 niveaux (en rouge), en commençant par le myotube, plusieurs myotubes forment une myofibre, plusieurs myofibres forment un faisceau et l'ensemble des faisceaux constituent le muscle.
(D'après Baechle et Earle, 2008)

Les différents types de fibre :

La classification des fibres en deux groupes est fonction du type de chaînes lourdes portées par la myosine (MyHC). Bien que globalement les muscles squelettiques se ressemblent, ils comportent des différences au niveau de la composition. Ceci est d'une part dû à leur fonction, leur mobilisation pour un effort court ou un effort long, et également à leur origine. Chez le bovin adulte, trois types de fibres ont été identifiés et classés en type I, type IIA et type IIX, qui possèdent donc respectivement des chaînes lourdes de myosine (MyHC) MyHC-I, MyHC-IIa et MyHC-IIx (Figure 4). Il existe trois autres types de fibres observés au cours du développement fœtal bovin, il s'agit de fibres contenant les isoformes MyHC-embryonnaire, fœtal et cardiaque. Cependant, il semble que ces formes ne soient exprimées que de manière transitoire (Picard et al., 2002). Chez la souris, on retrouve également six isoformes de MyHC (embryonnaire, périnatale, IIa, IIb, IIx/d et extra-oculaire). Dans les muscles de la souris adulte, les isoformes prédominantes sont de types IIa, IIb et IIx. Cependant, ces isoformes cohabitent de manière équivalente avec une autre iso-forme dite MyHC « cardiaque » de type Iβ (Richard et al., 2011). Les fibres de types I et II sont observables en incubant le tissu musculaire à un pH donné, les fibres auront une teinte différente en fonction de leur type (Figure 5, (Brooke et Kaiser, 1970)). En raison de leurs propriétés, tous les types de fibres sont retrouvés en quantité différente selon le type de muscles : muscles à contractions lentes ou rapides.

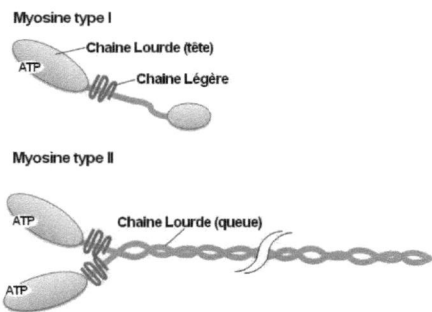

Figure 4. Représentation schématique des deux principaux types de myosine retrouvés dans le muscle squelettique.
La myosine de type II est la seule à pouvoir former des dimères, c'est cette forme qui sera responsable de la contraction musculaire. La fixation et l'hydrolyse d'ATP conduit à des changements de conformation permettant soit le rapprochement soit l'éloignement des filaments d'actine auxquels les myosines sont reliées.

I. Fibres de type I : ces fibres sont appelées fibres « rouges » ou encore « lentes », car elles sont majoritaires dans les muscles à contraction lente. Autrement dit ces fibres ont pour charge, dans l'organisme, les efforts longs, plus ou moins intenses, mettant à l'épreuve l'endurance du muscle. Ces fibres sont fortement vascularisées et présentent un taux élevé de myoglobine, expliquant leur couleur rouge. La myoglobine apporte l'oxygène aux nombreuses mitochondries, également présentes dans ces fibres, afin qu'elles le consomment pour synthétiser de l'ATP, source d'énergie.

En effet, ce métabolisme met en jeu les voies bien connues de la glycolyse et du cycle de Krebs. Il fournit au muscle environ 38 molécules d'ATP par molécule de glucose consommée. L'utilisation de ce métabolisme aérobie, dit oxydatif, permet un effort prolongé. Il s'oppose au métabolisme de glycolyse anaérobie prépondérant dans le second type de fibres.

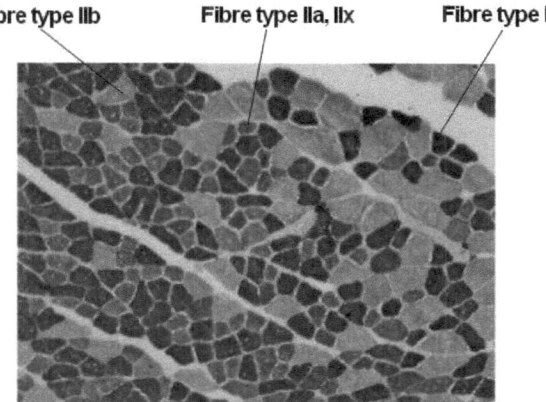

Figure 5. Photo d'une coupe d'un faisceau musculaire murin montrant les différents types de fibres présentes dans un muscle squelettique.

La coloration marron est obtenue par incubation de la coupe dans un bain de KCL à pH 4,6, les différentes teintes dépendent du système ATPasique et donc du type de fibre. Les fibres de type IIb sont associées à un système ATPasique dont la coloration est labile à pH 4,.6, elles apparaissent donc couleur crème. Les fibres de type I dont la contraction est lente, possèdent un système ATPasique dont la coloration est non labile à pH 4,6 et apparaissent donc marron foncé. Enfin, les fibres de types IIa ou IIx au métabolisme intermédiaire apparaissent marron clair car elles possèdent les deux systèmes ATPasiques. (Brooke & Kaiser, 1970)

(Photo Dr Monestier, grossissement X10)

II. *Fibres de type II* : ces fibres sont appelées fibres « rapides » de par leur vitesse de contraction et donc de leur prise en charge des efforts courts et intenses. On distingue plusieurs sous catégories selon le type de MyHC contenu. Les fibres possédant des MyHC-IIa sont rouges et possèdent de nombreuses mitochondries. Elles ont un métabolisme aérobie facultatif tout comme la seconde sous-catégorie possédant des MyHC-IIx. Cette dernière représente les fibres les plus rapides de l'organisme. Elles sont capables d'utiliser la créatine phosphate comme réserve énergétique (4 fois plus de créatine phosphate dans le muscle squelétique que d'ATP). La consommation d'une molécule de créatine phosphate permet la régénération d'une molécule d'ATP à partir d'un ADP. La contraction des fibres de type IIx rend alors possible des efforts de très haute intensité mais elles ne peuvent le permettre que très peu de temps.

La troisième sous-catégorie correspond aux fibres IIb, également appelées « blanches » car elles sont moins vascularisées et possèdent peu de myoglobine. Leur teinte est plus pâle (Coujard et Poirier, 1980). Elles utilisent une glycolyse anaérobie comme source d'ATP. Le glucose consommé provient du glycogène, et son oxydation est rapide mais les revers de ce métabolisme sont les fermentations, lactique puis alcoolique (la seconde est retrouvée uniquement chez les eucaryotes inférieurs telles que les levures), qui interviennent afin de recycler le cofacteur NADH. La fermentation lactique produit du lactate (responsable des courbatures) ce qui acidifie le cytoplasme. Celle-ci peut également déclencher la fermentation alcoolique qui produira à son tour de l'éthanol, toxique pour l'organisme.

Les muscles sont des organes complexes, avec plusieurs niveaux d'organisation et une grande adaptabilité à l'effort. Pourtant, chaque muscle est formé sur la base de quelques cellules à peine, provenant des somites et délivrées lors du développement embryonnaire. Le chemin allant des somites au muscle squelettique est long et la moindre défaillance dans cette voie conduira à des pathologies sévères.

Des somites au muscle squelettique :

Chez les vertébrés, les muscles sont issus de précurseurs myogéniques ayant appartenu auparavant à une structure appelée somite qui contient également les précurseurs des os, des vertèbres, du derme et de l'épithélium vasculaire. Les somites sont donc extrêmement importants pour le développement et font l'objet de nombreuses recherches. En effet, les premiers travaux visaient à découvrir comment un amas de cellules naïves récupère l'information de son environnement pour se différencier progressivement, selon son positionnement, en une cellule épithéliale, osseuse ou musculaire (Tajbakhsh et Spörle, 1998).

I. *La formation des somites* : Les somites sont des détachements de cellules provenant du mésoderme paraxial situé de part et d'autre du tube neural. La formation des somites se fait selon une progression antéro-postérieure et toujours par paire symétrique, un de chaque côté du tube neural (Figures 6A et 6B). Les somites ainsi formés sont de formes cylindriques, le vide au centre des somites étant appelé somitocœle. Les somites possèdent de nombreux glycanes à leur surface, leur permettant ainsi d'interagir avec les structures environnantes et d'induire la différenciation et même la migration des précurseurs (Hayashi et Ozawa, 1995).

II. *Compartimentation des somites* : La première étape de compartimentation d'un somite est la différenciation en sclérotome ventral et en mésoderme latéral (Figure 6C). Le mésoderme latéral devient ensuite le dermomyotome. Le sclérotome conduira à la formation du cartilage, des os de la colonne vertébrale et des côtes. Le dermomyotome va à nouveau subir une compartimentation (Figure 6D), et la partie épaxiale (adjacente au tube neural et à la notochorde) donnera le myotome grâce auquel seront formés les muscles du tronc (muscles épaxiaux). La partie hypaxiale du dermomyotome va former les bourgeons des muscles des membres. Les muscles du tronc et de la plupart de ceux de la tête, dérivent du mésoderme antérieur paraxial non segmenté ainsi que du mésoderme préchordal (McGrew et Pourquié, 1998).

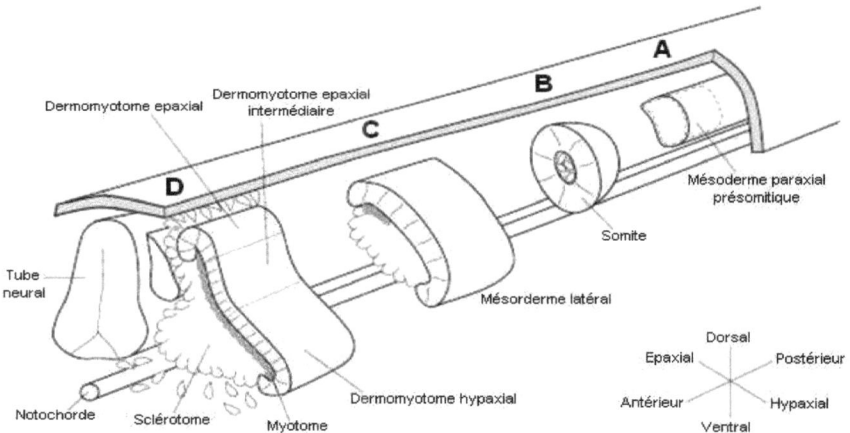

Figure 6. Schéma de la formation des somites et de leur compartimentation.
Les somites sont formés de chaque côté du tube neural et de la notochorde. A. Des cellules du mésoderme paraxial vont se différencier en cellules présomitiques. B. Ces cellules vont se détacher du mésoderme paraxial et former un somite. C. Le somite se compartimente en deux, le sclérotome (partie ventrale) et le mésoderme latéral (partie dorsale). D. Le mésoderme subit une nouvelle compartimentation de ses parties épaxiales et hypaxiales ainsi que de la partie intermédiaire, qui seront chacune à l'origine de différents tissus.
(Schéma modifié issu de Buckingham et al., 2003)

III. *Migration des précurseurs myogéniques :* Les précurseurs myogéniques se déplacent à travers l'embryon pour aller se nicher dans un bourgeon de membre où ils se multiplieront. Pour cela, ils expriment au moment de se détacher diverses protéines, facteurs de transcription, récepteurs, *etc.* dont la présence semble cruciale tant pour leur détachement que pour leur migration. Cette étape étant le début du développement musculaire, elle a été très étudiée à partir des années quatre-vingt-dix. Chez la souris, des mutations dans des gènes codant des facteurs de transcription, tels que *Pax3* (Lagha et al., 2008a) ou encore *Lbx1* (Brohmann et al., 2000), conduisent à une absence de migration ou à un mauvais adressage des précurseurs myogéniques. Ces souris mutantes ne présentent pas de muscles au niveau des membres, des cervicales ou de la langue. Il a été montré que la mauvaise localisation des précurseurs myogéniques, due à la mutation de *Lbx1* (Ladybird hemobox protein homolog 1), était également liée à l'absence de capacité du précurseur à reconnaître son environnement. Par conséquent, le précurseur n'a pas pu suivre les « balises » qui auraient dû le conduire au bourgeon du membre. De la même façon, une étude menée sur des embryons de souris mutantes pour *c-Met*, codant un récepteur de tyrosine kinase, ou pour le gène codant son ligand SF/HGF (Scatter Factor /Hepatocyte Growth Factor) montre que la différenciation du dermomyotome se fait correctement et que les précurseurs des muscles hypaxiaux sont bien présents (Dietrich et al., 1999). Ceci indique que c-Met et SF/HGF ne sont pas requis pour la différenciation des précurseurs des muscles hypaxiaux. Par contre, les résultats de cette même équipe révèlent une absence de délamination des précurseurs myogénique Pax3+, montrant que c-Met et SF/HGF sont essentiels à leur libération depuis le dermomyotome latéral ainsi que pour leur dispersion (Dietrich, 1999). Enfin, chez l'embryon de poulet, l'apport d'anticorps dirigés contre la fibronectine ou la *N*-cadhérine inhibe également l'étape de migration (Brand-Saberi et Christ, 1993), confirmant l'implication de l'environnement cellulaire, comme la matrice extracellulaire (MEC), dans la migration des précurseurs myogéniques.

IV. *Du bourgeon musculaire au muscle* : Une fois que les précurseurs ont atteint le site de formation d'un muscle, ils vont proliférer. A ce stade, les précurseurs myogéniques sont positifs pour les facteurs de transcription Pax3 et Pax7. Cette population Pax3+ et Pax7+ se divise de façon asymétrique, signifiant que les deux cellules fille n'ont pas le même destin. Certaines cellules filles cesseront d'exprmier le facteur Pax7 et sortiront du cylce cellulaire. Ces cellules ne se divisent plus et entrent dans le processus de différenciation alors quele reste de la population est maintenu dans un état prolifératif permettant le renouvellement du pool de cellules précurseur tout au long du développement embryonnaire puis fœtal. Les cellules engagées en différenciation vont exprimer successivement divers facteurs de transcription spécifiques à la myogenèse appelés « Myogenic Regulator Factors » (MRFs) (Buckingham et al., 2003).

Les précurseurs deviennent alors myoblastes et les myoblastes fusionnent pour devenir myotubes (Figure 7) qui seront la base de l'établissement du muscle squelettique (Tajbakhsh et Spörle, 1998).

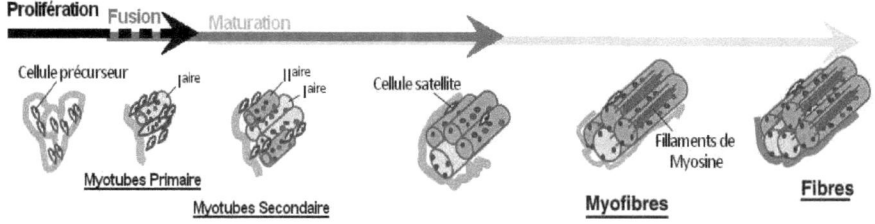

Figure 7. Schéma simplifié de la myogenèse.
Cette représentation montre les différentes étapes conduisant à la formation des fibres musculaires à partir de cellules précurseurs. Après prolifération, les cellules musculaires fusionnent pour donner des myotubes, qui subiront ensuite une étape de maturation aboutissant à une fibre musculaire fonctionnelle.
(D'après de Bonnet et al., 2010)

L'étape de fusion est une étape complexe qui demande tout d'abord au myoblaste de s'organiser. En effet, avant la fusion à proprement parler, les myoblastes vont migrer afin de s'aligner. L'alignement des cellules est nécessaire à la formation des premiers myotubes, généralement fins et longs. Pour cela, les myoblastes utiliseront l'environnement et notamment les fibres de collagène. Véritable réseau matriciel, ces fibres constituent un excellent support pour les myoblates. Une fois alligner, les cellules se lient grâce à la présence à leur surface de protéines dites d'adhésion ou de lectines qui reconnaitront respectivement d'autres protéines ou motifs glycaniques présents à la surface de la cellule voisine. Ces liaisons intercellulaires permettent le rapprochement des membranes des myoblastes qui vont alors fusionner, formant une seule cellule allongée qui possède alors plusieurs noyaux, le myotube (Rochlin et al., 2010). Ceci représente la fusion primaire, lorsque d'autres myoblastes viennent se lier puis fusionner à un myotube pré-existant on parle alors de fusion secondaire. La fusion secondaire permet l'allongement et l'élargissement des myotubes avant l'étape de maturation. Le processus de fusion est donc extrêmement régulé car il déterminela taille finale du muscle. Ainsi, trop de fusion conduit à une hypermusculature alors quepeu de fusion engendre une faiblesse musculaire pathologique (Volonte et al., 2003). De nombreux mécanismes de régulation de la fusion myoblastique ont été répertoriés, comme la voie des TGF-β passant par des facteurs extracellulaires libres (Han et al., 2012), la voie des intégrines reconnaissant certains composants matriciels notamment la fibronectine (Schwander et al., 2003) ou encore les liaisons cadhérine-cadhérine (Kaufmann et al., 1999) signalant l'établissement d'un contact cellulaire (Hindi et al., 2013). Au cours, de la maturation, les noyaux seront placés contre la membrane plasmique et les cellules restées indifférenciées, appelées cellules satellites, viendront se placer en périphérie des myofibres et resteront quiescentes. Ces cellules particulières sont considérées comme des cellules souches adultes du fait qu'elles soient restées indifférenciées et qu'elles soient encore pluripotentes (Asakura et al., 2001). Elles interviendront essentiellement lors de la croissance musculaire post-natale ou de la régénération du muscle en cas de lésion de ce dernier (Figure 8).

Cellules satellites : Activation, régénération et maintien

Au cours de la vie, le muscle va subir différents stress allant du simple étirement à la blessure, en passant par l'exercice et les nombreux stimuli électriques qui les accompagnent. En effet, un effort trop violent ou trop prolongé conduira inévitablement à une lésion musculaire : soit directe, c'est le cas des déchirures ou des crampes qui sont une contraction involontaire extrêmement puissante et choquante pour le muscle ; soit indirecte comme les courbatures qui résultent des produits synthétisés lors de l'exercice et qui ont progressivement intoxiqué les cellules musculaires. Le processus de régénération est alors mis en place pour permettre au muscle de retrouver toutes ses fonctions (Figure 8).

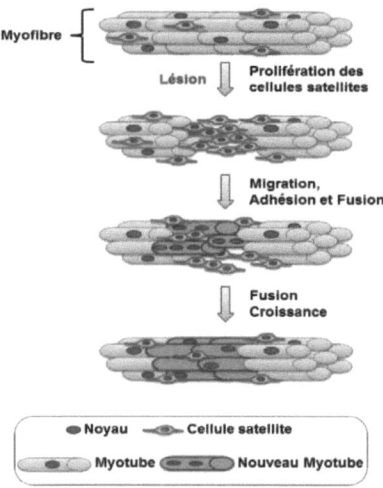

Figure 8. Schéma de la régénération du muscle squelettique après une lésion.
Suite à la rupture d'une myofibre, les cellules satellites sortent de leur état de quiescence, prolifèrent et se différencient en myoblastes. Elles vont ensuite fusionner entre-elles pour former de nouveaux myotubes, et fusionner également avec les myotubes préexistants afin de recréer une myofibre fonctionnelle. Une partie des cellules satellites retournera à l'état quiescent afin de permettre la régénération de la myofibre en cas de nouvelle lésion.

Pour que la régénération ait lieu, il faudra une activation des cellules satellites restées quiescentes jusqu'ici. La cellule satellite située entre la fibre musculaire et la lame basale est activée par de nombreux facteurs de croissance libérés suite à la dégradation de la lame basale ; ce sont : (i) SF/HGF qui activera la cellule satellite;

(ii) des Insulin-like Growth Factor (IGF1, IGF2), un Fibroblast Growth Factor (FGF2), ou encore le Platelet-Derived Growth Factor type BB (PDGF-BB) qui induiront l'expression des facteurs Pax7, MyoD (Myoblast Determination protein) et Myf5 (Myogenic factor 5) permettant la prolifération des cellules satellites (Tatsumi et al., 1998; Pallafacchina et al., 2010) (Figure 9). La réponse des cellules satellites au facteur SH/HGF se traduit par une activation des protéines ERK1 et ERK2 (Extracellular signal-Regulated Kinase) qui seront alors transloquées dans le noyau. Il en résultera l'expression de la cycline D1, régulateur clé du cycle cellulaire, laissant ainsi passer les cellules satellites de la phase de quiescence G0 à la phase G1 du cycle cellulaire.

Une fois la cellule activée, les facteurs FGF1 et 2 viendront se fixer sur leurs récepteurs déjà présents à la surface des cellules satellites en quiescence et augmenteront ainsi le potentiel prolifératif des cellules (Kästner et al., 2000). Les facteurs IGF1 et IGF2 activeront également la régénération de manière importante mais leurs actions dépendront de la présence de leur récepteur et de la protéine IGFBP6 capable de lier ces facteurs (IGF Binding Protein 6).

Concernant le facteur IGF1, plusieurs études ont montré que sa présence stimule la prolifération des cellules satellites ainsi que leur différenciation via l'expression de la myogénine (Florini et al., 1991; Czifra et al., 2006). IGF2 quant à lui provoque l'expression d'un cofacteur essentiel pour MyoD, si bien que l'inhibition d'IGF2 conduit à l'absence d'activité transcriptionnelle de ce MRF. Chez le rat, ce facteur peut aussi augmenter la régénération tardive du muscle au profit de la régénération précoce ; lorsqu'il y a eu lésion et donc libération d'IGF2, une augmentation de la taille des fibres musculaires a été observée plutôt que leur nombre après régénération complète du muscle démontrant une augmentation de la fusion secondaire (Kirk et al., 2003; Wilson et Rotwein, 2006).

A contrario, certains facteurs de la famille des Transforming Growth Factor-Béta (TGF-β) auront une action inhibitrice sur la prolifération et la différenciation des cellules satellites. Les facteurs les plus connus et les plus étudiés sont très certainement la myostatine (GDF8) et le TGF-β1 (McPherron et al., 1997; Li et Velleman, 2009). Ces deux inhibiteurs de la différenciation musculaire se fixent spécifiquement sur des récepteurs de haute affinité qui leur sont propres (TGF-βR I, II et III) ou encore sur des récepteurs à l'activine ActRI et II. Ceci déclenchera une signalisation interne passant par la voie des Smad (Mother against decapentaplegic homolog), notamment Smad3/4 (Zhu et al., 2004).

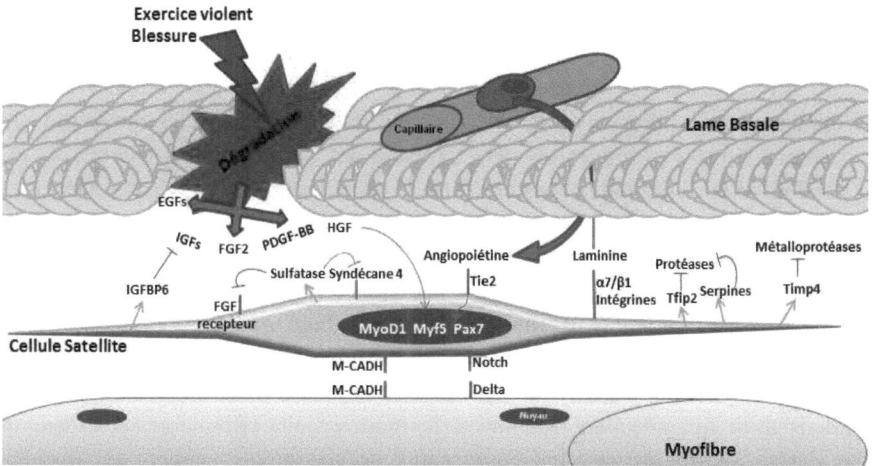

Figure 9. Cellule satellite et les différentes interactions avec les composants de la "niche".
Les traits violets représentent les protéines membranaires, les traits marrons représentent des protéoglycanes. Les flèches jaunes indiquent la sécrétion du produit pointé. Les flèches vertes et les « T » rouges indiquent respectivement une activation ou une répression. La cellule satellite est ancrée entre la myofibre et la lame basale, des interactions avec chacune d'elles maintiennent la cellule en quiescence jusqu'à l'apparition d'une lésion. Des facteurs de croissance sont alors relargués dans la « niche » et vont venir activer la cellule satellite. Pour rester ou retourner en quiescence, la cellule est capable de sécréter un certain nombre d'inhibiteurs ayant principalement pour cible les facteurs de croissance.

(D'après Montarras et Buckingham dans Lander et al., 2012)

Il existe donc une balance entre activation et répression de la croissance musculaire post-natale et la régénération du muscle. L'interaction directe des facteurs externes avec la cellule et également de l'environnement avec la cellule et les facteurs externes constituent une régulation très efficace et hautement spécifique. En effet, tout ce qui entoure la cellule satellite possède un rôle. Ainsi, des changements dans l'environnement cellulaire seront observés au moment de l'activation des cellules satellites et lors du processus de myogenèse. Une telle modification du milieu environnant pour la cellule a conduit très vite au terme de « niche » cellulaire (Schofield, 1978; Lander et al., 2012). Concernant les cellules satellites, un fait intéressant est leur ancrage entre deux structures bien différentes. D'un côté la fibre musculaire et de l'autre la lame basale. Les cellules satellites exprimeront donc de façon très localisée les protéines interagissant avec les composants de l'une ou l'autre de ses structures voisines (Figure 9). C'est le cas notamment de la protéine d'adhésion M-Cadhérine, localisée sur la membrane de la cellule faisant face à la myofibre qui exprime elle-aussi cette cadhérine permettant ainsi leur jonction. A l'opposé, le complexe intégrine alpha7/béta1se trouvera du côté de la lame basale où il servira de lien entre le cytosquelette et la laminine extracellulaire (Irintchev et al., 1994; Li et al., 2003). Plus encore que les structures en contact direct, l'environnement cellulaire comporte des éléments venant de cellules au-delà de la lame basale. L'un des exemples les plus frappants est l'expression par la cellule du récepteur Tie2 dont le ligand, l'angiopoïétine 1, est sécrété par les cellules associées aux capillaires. La liaison de l'angiopoïétine à son récepteur joue un rôle dans le maintien en quiescence des cellules satellites. Cette régulation « longue distance » serait aussi corrélée au fait que les fibres « rouges » ont plus de cellules satellites présentes à leur périphérie que les fibres « blanches », bien moins vascularisées. Cette différence avait été démontrée pour la première fois chez le rat (Okada et al., 1984).

L'environnement a une telle influence sur la cellule satellite qu'elle ne fait pas qu'interagir avec lui, elle peut également le modeler. En effet, non seulement la cellule sécrète elle-même certains composants de son environnement tel que les protéoglycanes, en plus elle sécrète des protéines dont l'action permettra de réguler l'effet de la « niche » sur la cellule. Les protéoglycanes par exemple peuvent, pour la plupart, lier les facteurs de croissance et avoir un effet coopératif en les rapprochant de leurs récepteurs ou au contraire avoir un effet inhibiteur sur ces facteurs en les séquestrant. La décorine en est un exemple très bien décrit dans le cas de la myogenèse. Elle se lie au TGF-β1 et limite ainsi son action inhibitrice (Li et al., 2008). Les héparanes sulfates jouent aussi un rôle à ce niveau, notamment le syndécane 3, essentiel à la formation correcte de nouvelles fibres lors de la régénération (Casar et al., 2004). Le syndécane 4 et le glypicane 1 ont aussi leur importance en étant antagonistes l'un de l'autre. Tous deux capables de lier les facteurs FGFs leur présence ou absence servira à réguler l'effet de ces facteurs sur la cellule. Le syndécane 4, exprimé en premier, aura pour rôle de présenter le FGF à son récepteur, engendrant ainsi l'activation de la prolifération cellulaire. Puis le glypicane le remplacera progressivement à la surface de la cellule mais il séquestrera le FGF pour laisser place aux signaux de différenciation afin que les cellules satellites forment de nouveaux myotubes et au final de nouvelles myofibres (Figure 10). Des études portent également sur l'importance du corps protéique portant les glycoaminoglycanes dans la liaison aux différents facteurs.

Elles montrent pour certaines que la présence des GAGs (Glycosaminoglycanes) ne serait pas indispensable à la fixation des FGFs, ce dernier pouvant se lier directement au corps protéique (Casar et al., 2004; Zhang et al., 2008; Song et al., 2011; Matsuo et Kimura-Yoshida, 2013).

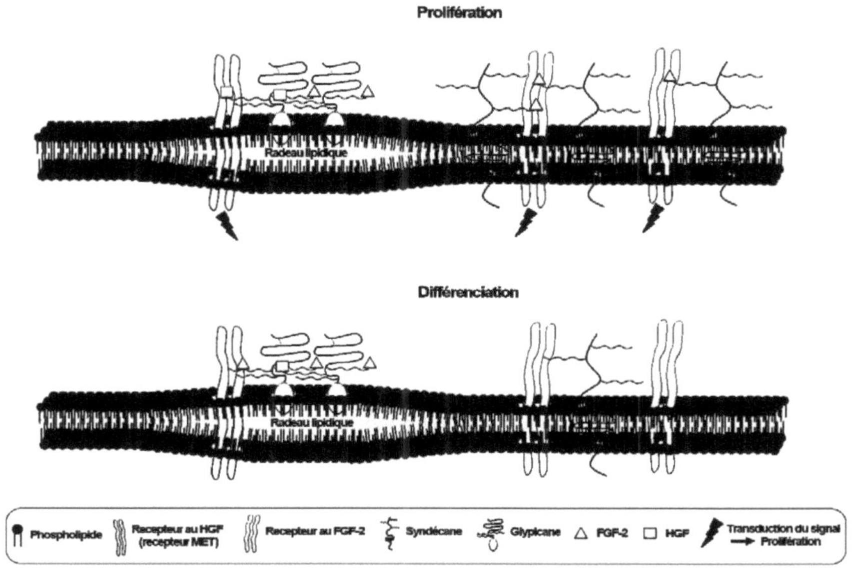

Figure 10. Schéma de régulation du signal de prolifération par le syndécane et le glypicane.
Lors de la prolifération, la forte présence de syndécane, permet une fixation facilitée du facteur de croissance FGF-2 sur son récepteur (FGF2R). Le glypicane permettra également la fixation d'un autre facteur de croissance, le HGF, sur son récepteu (HGFR), induisant ainsi des signaux de prolifération. La diminution des syndécanes à la surface de la cellule va obliger le FGF-2 à se lier au glypicane également capable de le fixer, de cette façon le FGF-2 ne sera pas présenté à son récepteur et l'inhibition de la différenciation sera levée.
(D'après Brandan and Gutierrez, 2013)

Outre son activation, la cellule satellite va ensuite se diviser, mais seule une partie des cellules filles vont se différencier et se comporter comme des myoblastes. En effet, les cellules satellites assurent leur propre renouvellement afin d'assurer le maintien de l'intégrité du muscle tout au long de la vie. Une vaste étude sur le comportement des cellules satellites et leur auto-renouvèlement a été menée en 2005. Une équipe londonienne a démontré que ces cellules satellites méritaient leur titre de cellules souches adultes. Elles assurent leur renouvellement grâce à une division asymétrique et plus encore elles sont capables de recréer toute une population de cellules satellites fonctionnelles autour de fibres qui en étaient dépourvues après irradiation (Collins et al., 2005). Les chercheurs ont procédé à la greffe d'une fibre saine, portant quelques cellules satellites, au sein d'un muscle irradié. Ils ont pu observer une multiplication par 10 de la population initiale de cellules satellites, passant de seulement 22 à 246 cellules (Collins et al., 2005). L'étude montre également que les cellules satellites greffées seules sont capables de régénérer le muscle dans lequel elles ont été implantées en cas de lésion, y compris dans des souris *mdx-/-* (X-chromosom linked muscular dystrophy), prouvant ainsi la très grande adaptabilité fonctionnelle des cellules satellites (Collins et al., 2005). Il faut également noter que celles-ci ne sont pas les seules à porter les espoirs concernant la thérapie cellulaire régénérative. En effet, le muscle contient également des tissus adipeux procédant également un pool de cellules souches (Zuk et al., 2001). La communication entre les différents tissus est d'ailleurs un point clé de la régénération musculaire et la présence d'autres tissus nous aide à comprendre les raisons pour lesquelles les cellules satellites gardent un potentiel de différenciation adipogénique (Ruschke et al., 2012). Les cellules souches issues de tissus adipeux possèdent également un potentiel myogénique non négligeable pouvant servir à la régénération, potentiel augmenté par une surexpression du facteur *MyoD* (Goudenege et al., 2009) Toutes ces découvertes conduisent vers de nouvelles solutions thérapeutiques pour des patients atteints de myopathies ou de graves lésions du muscle.

Malgré leurs extraordinaires propriétés, les cellules satellites semblent défaillir au cours du temps. Force est de constater qu'avec le poids des années, nos muscles s'affaiblissent, les blessures se font plus nombreuses et la régénération moins efficace. Plusieurs équipes se sont penchées sur les changements qui interviennent au cours du vieillissement et qui ont une influence sur les cellules satellites. De nombreux changement ont ainsi pu être répertoriés aussi bien sur la cellule satellite elle-même, sur les myofibres, la lame basale ou encore autour de la niche cellulaire (Gopinath et Rando, 2008).

L'activation de métalloprotéases matricielles (MMP), importantes dans l'activation et la libération de facteurs de croissance, se trouve être plus faible à l'âge adulte. En effet, il a été démontré que lors de la régénération du muscle squelettique chez des rats de 24 mois par rapport à des rats de 9 mois, l'expression des métalloprotéases est diminuée ; ceci ayant pour premier effet de reporter la première division des cellules satellites d'environ 24h (Barani et al., 2003). De la même façon la protéine PA (Plasminogen Activator) se trouve être bien moins exprimée chez les rats de 24 mois, conduisant à une baisse d'activation du HGF, connu lui aussi comme étant un activateur de la régénération musculaire (Miller et al., 2000) ; fait également intéressant de l'étude, la non-reproductibilité *in vitro* de cet effet lié à l'âge. Les chercheurs ont effectivement testé *in vitro* le potentiel d'activation et de différenciation de cellules satellites issues de rats de 9 et 24 mois mais ils n'ont cette fois observé aucune différence. Il semble donc qu'il existe d'autres modifications liées à l'âge qui ne sont pas portées par la cellule satellite mais par son environnement et qui influent sur les MMP et PA (Figure 11).

Il faut remonter à 1977 pour retrouver les premières observations directes des effets de l'âge faites par le Dr. Snow qui utilisa la microscopie électronique sur des coupes de muscle de souris et de rats plus ou moins âgés. En observant ces coupes, il ne remarqua d'abord aucune différence entre des individus âgés de 8-10 mois et ceux âgés de 19-20 mois. Il porta alors son attention sur des individus de 29-30 mois, et il nota une diminution de moitié du nombre de cellules satellites. Son étude rapporte également que les cellules satellites manquantes semblent en fait être passées dans le milieu interstitiel. Grâce à la puissance de la microscopie électronique, il conclut à la formation d'une couche laminaire tout autour de la cellule satellite dont le résultat n'est autre que la séparation complète de la cellule satellite et de la fibre musculaire (Snow, 1977). Près de vingt ans plus tard c'est l'équipe de Glodspink qui révèlera que l'accumulation matricielle observée est constituée essentiellement de collagène 1 et 3, mais que cela n'est pas dû à une surexpression des gènes codant les différentes chaines de collagène (Goldspink et al., 1994). Apparaissent alors les premières hypothèses sur un défaut de dégradation de ces composants autour des cellules satellites. Ces hypothèses seront reprises par le Dr. Alexakis alors qu'elle étudie le phénomène de fibrose qui apparait chez les souris dystrophiques mdx. Elle nota une absence d'expression du collagène 1 chez les souris âgées de 18 mois (Alexakis et al., 2007). Le vieillissement engendre donc un dépôt matriciel légèrement réduit mais, n'étant plus dégradé, celui-ci se durcit et s'accumule jusqu'à séparer la cellule satellite de la fibre musculaire (Figure 11).

La signalisation et la communication cellulaire sont également affectées par le vieillissement. La réduction d'expression de la protéine Delta observée au niveau de fibres musculaires de souris de 23-24 mois comparée à des souris de 5-7 mois fût l'une des premières preuves de ce phénomène (Conboy et al., 2003). Delta est un ligand du récepteur Notch largement étudié pour son implication dans le processus myogénique, le défaut d'activation alors engendré par la perte de ce ligand ne permet pas l'activation des cellules satellites, tout comme la perte de sa glycosylation (Moloney et al., 2000; Panin et al., 2002).

Quelques années plus tard, sera également rapportée une diminution de la vascularisation des fibres avec l'âge (Figure 11). Celle-ci est corrélée avec une baisse de la sécrétion du facteur VEGF (Vascular Epidermal Growth Factor) et de l'expression de l'enzyme eNOS (endothelial Nitric Oxide Synthase) (Ryan et al., 2006; Yildiz, 2007), impliquée dans la régénération musculaire (Anderson, 2000). En somme avec l'âge, la communication entre la fibre musculaire et la cellule satellite s'affaiblit. Les dérégulations métaboliques amènent la cellule satellite à s'éloigner progressivement de la fibre jusqu'à en être totalement séparée par une matrice qui n'est plus dégradée (Figure 11).

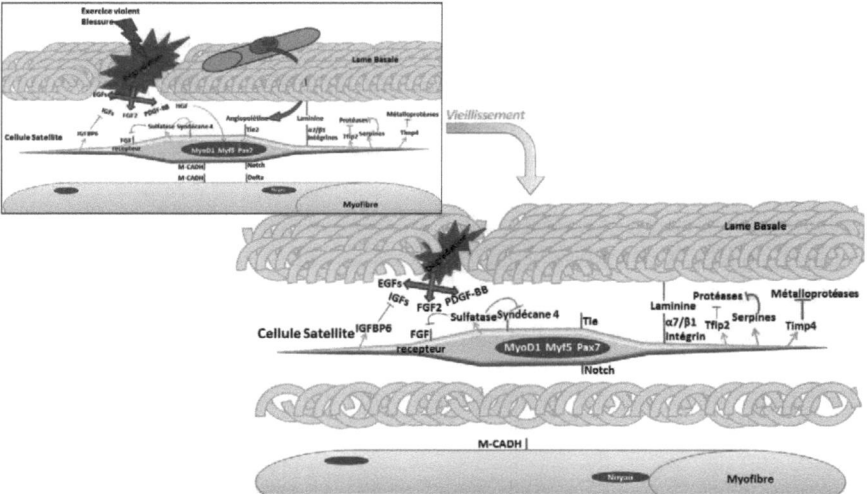

Figure 11. Effet du vieillissement sur la cellule satellite et son environnement.
La dégradation des composants matriciels se fait moindre de par la sous-expression des protéases et métalloprotéases conduisant progressivement au cloisonement de la cellule satellite et à une perte de son activation. Les légendes sont similaires à celle de la Figure 9 en encadré en haut à gauche.

Enfin, les cellules satellites vieillissantes peuvent parfois s'engager dans une voie de différenciation autre que la voie myogénique, la voie adipogénique. Alors que la multipotence des cellules satellites venait d'être démontrée *in vitro* (Asakura et al., 2001), Kirkland et ses collaborateurs montrent que des cellules issues de souris de 24 mois expriment plus fortement la protéine aP2 (adipocyte fatty acid binding Protein 2) et Pparδ2 (Peroxisome proliferator-activated receptor gamma 2) que celles issues de souris de 8 mois (Kirkland et al., 2002). Ces deux facteurs sont clairement identifiés comme marqueur de la différenciation adipocytaire (Caserta et al., 2001; Gregoire et al., 1998). Ce changement de voie de différenciation consiste en une accumulation de triglycérides par les cellules satellites, qui sont alors considérées comme des pré-adipocytes, incapables de régénérer le muscle en cas de lésion. Ce phénotype est retrouvé également dans certaines dystrophies liées ou non à l'âge. Une étude récente tend à montrer que d'autres cellules contractiles appelées péricytes, situées en périphérie des capillaires, interviendraient dans la régénération musculaire mais pourraient également être responsables de cette accumulation d'adipocytes

(Birbrair et al., 2013). Cette capacité de trans-différenciation des cellules satellites doit donc être contrôlée par l'organisme. Nous verrons par la suite que les chercheurs ont très rapidement voulu savoir comment maitriser et utiliser *in vitro* cette capacité.

La cellule satellite est soumise à de nombreux contrôles régissant son maintien en quiescence ou son activation et sa prolifération. Pour ce qui est de la différenciation, de la fusion ainsi que de la maturation des myofibres, se sont des étapes calquées sur le processus de myogenèse embryonnaire. Ce phénomène est ensuite reproduit par les cellules satellites tout au long de la vie, afin de maintenir les myofibres musculaires fonctionnelles. Pour cette raison, les cellules satellites ou la lignée myoblastique C2C12 sont utilisées dans la plupart des études portant sur la myogenèse. Cependant cette voie de différenciation est elle aussi finement régulée par de nombreux facteurs internes et externes, il est donc important d'avoir une vue d'ensemble des différents intervenants lorsque l'on s'intéresse à la myogenèse qu'elle soit embryonnaire ou à partir de cellules satellites.

Les acteurs moléculaires de la myogenèse :

Pour se différencier et fusionner, toutes les cellules musculaires font appel à de nombreux facteurs qu'elles synthétiseront ou qui seront synthétisés dans leur environnement. Parmi les facteurs internes, les plus connus sont bien entendu les MRFs ainsi que Pax3 ou encore Lbx1 que nous avons déjà évoqués.

Les facteurs Pax (Paired box protein)

Les facteurs de transcription Pax3 et Pax7 ont très tôt un rôle au stade embryonnaire dans le développement du muscle, son maintien après la naissance et au stade adulte (Buckingham, 2007). Le facteur Pax 3 est déterminant pour l'adressage des précurseurs myogéniques par son influence sur la migration des progéniteurs (Lagha et al., 2008a). La présence ou l'absence des facteurs Pax permet de déterminer l'état dans lequel se trouve la cellule (prolifératif, quiescent ou différencié). Des études de l'expression de *Pax3* et *Pax7*, chez la souris, montrent d'une part que les cellules qui expriment Pax7 sont indifférenciées (Lagha et al., 2008b) et d'autre part que l'expression de Pax3/7 coïncide avec l'expression du facteur MyoD1 (Hyatt et al., 2008; Yokoyama et Asahara, 2011). Les facteurs Pax sont donc à l'origine du déclenchement du programme myogénique puisqu'au niveau embryonnaire ils activent directement Myf5, et MyoD1 sur lequel ils ont encore un effet au stade post-natal (Figure 12). L'importance post-natale de ces facteurs n'est pas à négliger car c'est effectivement la présence de Pax7 qui permet aux cellules satellites, encore indifférenciées, de rester en vie. Ces cellules peuvent être détectées dans le muscle, et triées notamment grâce aux facteurs Pax (Montarras et al., 2005).

Les Facteurs de Régulation Myogénique ou MRF

Ces facteurs sont au nombre de quatre, MyoD, la Myogénine, Myf5 et enfin Myf6 (encore appelé MRF4), ils possèdent des fonctions qui peuvent varier selon le stade de développement ou le type cellulaire. Plus que de simples effets directs, ces facteurs se régulent entre eux, et leurs combinaisons complexes de présence et/ou d'absence induisent la cellule dans la voie de prolifération ou de différenciation (Figure 12).

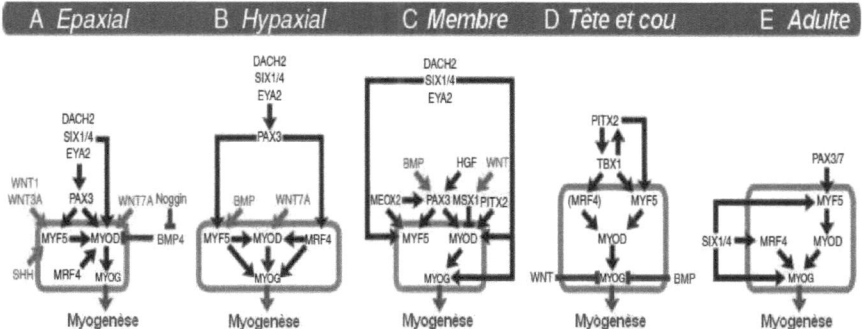

Figure 12. Schéma de l'organisation transcriptionelle des différents facteurs conduisant à la myogenèse à différents stades évolutifs.

La cellule est matérialisée par un rectangle marron, ce qui permet de différencier les facteurs internes des facteurs externes. Les flèches et les « T » noires symbolisent respectivement les actions activatrice et inhibitrice d'un gène sur un autre. Les flèches rouges symbolisent une action activatrice d'un facteur protéique, les « T » bleus une action inhibitrice.

(D'après Mok et Sweetman, 2011)

Le facteur MyoD fut découvert en 1986 par Weintraub et son équipe (Lassar et al., 1986). Ils montrent que la transfection de l'ADN génomique provenant de cellules C2C12 ou de cellules induites dans la voie myogénique, permet la conversion de fibroblastes en myoblastes à raison d'une colonie sur 15000.

Ils étaient alors bien loin de se douter qu'ils venaient de mettre en évidence l'un des facteurs les plus importants et par la suite des plus étudiés dans l'histoire de la myogenèse. Les études s'enchaînent et c'est au tour de Myf5 d'être découvert par hasard, grâce à une sonde sensée reconnaître MyoD qui visiblement n'était pas assez spécifique (Braun, et al., 1989). La myogénine est également découverte la même année (Edmondson et Olson, 1989). Enfin, le quatrième et dernier MRF décrit comme tel, l'herculine ou Myf6 ou encore MRF4, sera découvert par Miner and Wold en 1990 et un programme myogénique mettant en jeu ces facteurs est alors proposé (Miller, 1990). Depuis, les connaissances ont énormément évolué sur le sujet et une synthèse en est faite dans deux revues récemment parues (Mok et Sweetman, 2011; Yokoyama et Asahara, 2011).

Les MRFs sont des protéines de type « basic Helix Loop Helix proteins » (bHLH), caractéristiques des facteurs de transcription. Ils se dimérisent avec les E-protéines (E12, E47 ou HEB) et ainsi se lient à la séquence E-box (CANNTG) présente au niveau des promoteurs de certains gènes faiblement exprimés dans le muscle (Parker et al., 2006; Yokoyama et Asahara, 2011) (Figure 13A). Ces MRFs, avec l'aide des protéines de la famille Myocyte enhancer factor 2 (Mef2), favorisent l'augmentation de l'expression des gènes sur lesquels ils se fixent (Puri and Sartorelli, 2000). Leur fixation est inhibée par la présence des protéines Id2 ou Id3, pouvant également lier les E-protéines (Figure 13B). Cependant, la forme libre de MyoD va alors activer ou réprimer certains gènes contrôlant le répresseur RP58 (Zfp238 chez la souris) (Yokoyama et al., 2009). Ce répresseur inhibera l'expression des gènes codant pour les protéines Id (Figure 13C) ce qui permettra à MyoD de pouvoir à nouveau se complexer avec une E-protéine et d'engager la poursuite de la différenciation myogénique (Figure 13D). Le facteur MyoD en intervenant dès les stades précoces du développement embryonnaire a un rôle crucial d'où la mise en place d'une autorégulation (Beylkin et al., 2006).

En amont de MyoD, on retrouve généralement Myf5 et Myf6 qui activeront son expression, sauf dans le bourgeon du membre où Myf6 est absent (situation que l'on retrouve également quelquefois au niveau de la tête) et où MyoD est activé par Pax3 indépendamment de Myf5. Le programme myogénique est donc quelque chose de coopératif, c'est pourquoi Myf5 est capable d'activer l'expression des trois autres MRFs, tout comme ceux-ci sont capables de s'activer entre eux. Ainsi l'expression d'un seul des facteurs suffit à amorcer le processus de myogenèse. Bien que Myf5 semblait indispensable au stade embryonnaire et au stade adulte, comme initiateur du programme myogénique (Gayraud-Morel et al., 2007), une étude menée en 2008 a démontré l'existence d'une lignée cellulaire murine conduisant au développement musculaire complet de manière indépendante de Myf5. Cette expérience mit un terme au débat qui existait sur la redondance de fonction entre Myf5 et MyoD quant à l'initiation de la myogenèse (Haldar et al., 2008).

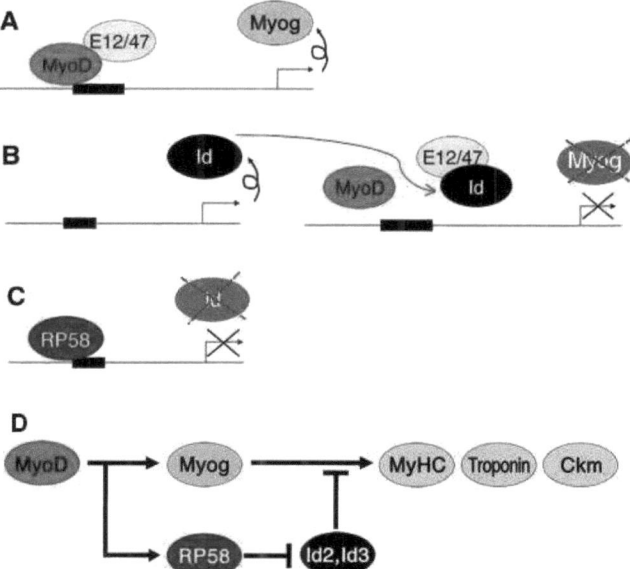

Figure 13. Activation et répression de l'expression d'un gène régulé par MyoD
A. MyoD s'associe à une protéine E et se fixe sur un site activateur d'un gène cible B. La production d'une protéine Id, capable de se fixer à la protéine E, inhibe la fixation de MyoD et ainsi son action. C. La protéine RP58 empêche la synthèse de protéines Id, levant ainsi l'inhibition de MyoD D. MyoD régule plusieurs voies en parallèle pour assurer une action maximale. L'ensemble de ces phénomènes conduit au déclenchement ou à l'arrêt de la différenciation myogénique.
(D'après Yokoyama & Asahara, 2011)

Les facteurs externes sont également nombreux à intervenir dans le processus myogénique. Ces derniers vont de l'élasticité de la MEC environnante (Velleman, 1999) aux facteurs de croissance comme le TGF-β1, en passant bien sûr par des structures glycaniques qui auront autant une action directe (Zhang *et al.*, 2008) qu'une action de relai (Villena et Brandan, 2004).

Glycanes et surface cellulaire

Synthèse des structures glycaniques :

I. *Les Glycosyltransférases (GT)* : Ces enzymes sont capables d'interagir et de modifier les protéines et les glycanes. Localisées pour la plupart dans l'appareil de Golgi ou le réticulum endoplasmique, ces enzymes sont très spécifiques et chacune d'entre-elles a une action bien précise. Chaque glycosyltransférase reconnait un motif protéique ou glycanique et y lie spécifiquement un seul ose. Il existe donc un nombre très important de glycosyltransférases à tel point que les gènes codant ces enzymes représentent à eux seuls environ 1% du génome humain ou murin. Les actions combinées de cette grande variété de GT conduit à une grande diversité de motifs glycaniques.

L'action des GTs consiste à transférer un sucre à partir d'un sucre activé donneur, généralement un Nucléotide-DiPhosphate-Sucre (NDP-Sucre), vers un accepteur, ce dernier pouvant être une protéine, un lipide ou un polysaccharide (Breton et al., 2006). Une classification des GTs basée sur les homologies de séquences a été proposée (banque de données CAZY, http://www.cazy.org). Elle regroupe à ce jour plus de 120000 séquences de GTs, tous les organismes confondus (Bactéries, Végétaux, Homme…), réparties en 92 familles (Coutinho et al., 2003). La communauté scientifique dispose aujourd'hui de structures cristallographiques pour plus de 30 familles de GTs. Ces enzymes présentent une grande conservation structurale. En effet, deux types de repliements, appelés GT-A et GT-B, sont généralement retrouvés, bien que d'autres variantes de ces structures aient été caractérisées à ce jour (Breton et al., 2012). Les principales structures consistent essentiellement en un repliement en sandwich hélice-α/feuillet-β/hélice-α de type Rossmann (Figure 14), le type GT-A étant composé d'un seul domaine alors que le type GT-B de deux domaines séparés.

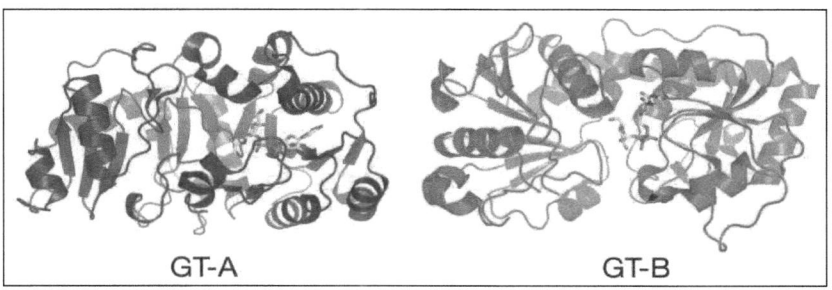

Figure 14. Les deux principaux types de repliements retrouvés dans les superfamilles de glycosyltransférases.
Il existe une forte conservation structurale des glycosyltransférases, consistant en une alternance hélice-α/feuillet-β/hélice-α de type Rossman. La super-famille GT-A rassemble les glycosyltransférases de forme globulaire, possèdant un seul domaine de ce type,. Les glycosyltransférases de la super-famille GT-B comptent deux domaines séparés.

Les GT sont principalement des protéines membranaires. Elles ont une typologie de type II, c'est-à-dire avec un court domaine transmembranaire et l'extrémité N-terminale dans le cytosol, la partie catalytique se trouvant généralement à l'intérieur du Golgi ou du réticulum endoplasmique. Cela permet une organisation spatiale de ces enzymes, permettant la synthèse des glycanes de manière séquentielle et précise. Le transfert d'un sucre par une glycosyltransférase est également très ordonné et se déroule de la façon suivante : (i) fixation du nucléotide-sucre puis, (ii) de l'accepteur. Ensuite il y a (iii) transfert du sucre « donneur » sur l'accepteur, (iv) libération du produit glycosylé et ensuite (v) du nucléotide.. Une fois le résidu glycanique ajouté, il est possible pour certaines GT de recommencer immédiatement à fonctionner et d'ajouter à nouveau le même sucre à la suite. Ces GT sont dites « processives » et leur nom est souvent associé au polymère synthétisé telle que la cellulose synthétase végétale. Elles sont opposées aux GT n'ajoutant qu'un seul résidu à la fois alors appelées « non processives » et ayant un nom relié au sucre transféré et à la liaison établie, par exemple la β1,4-Galactosyltransférase (Price et al., 2002).

Chez la majorité des animaux, on trouve une dizaine de sucres différents, leur combinaison offre des possibilités quasi infinies pour l'organisme quant à la création des glycanes, ne serait-ce que par la diversité de liaisons existantes entre deux sucres.

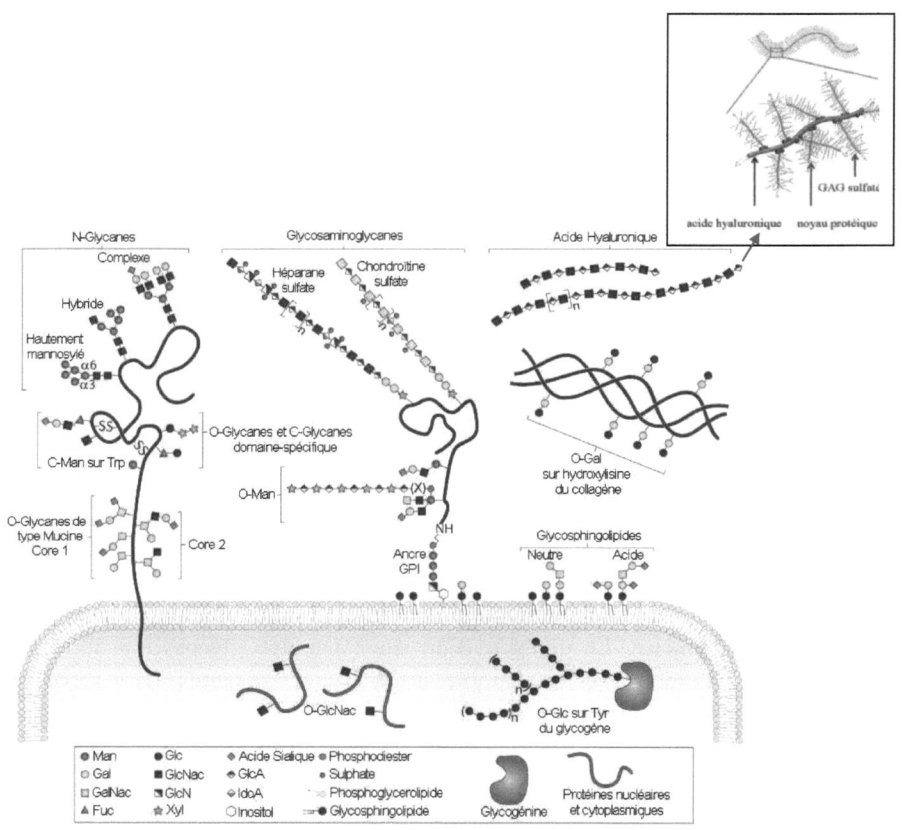

Figure 15. Exemple des différentes structures glycaniques et leur localisation dans les cellules de Vertébrés.
Il existe un grand nombre de structures glycaniques différentes pouvant être portées par des protéines ou des lipides. La O-Glycosylation présente un large choix dans le premier résidu, ainsi il est possible de retrouver un N-AcétylGalactosamine (type mucine), un Glucose, un Fucose, un Mannose, un Galactose ou encore un Xylose. Cela dépend de l'accepteur aussi bien que du motif final. La N-Glycosylation quant à elle présente une structure commune de cinq résidus mais montre un large éventail de terminaisons. Les N-Glycanes peuvent compter de 2 à 4 antennes pouvant chacune être glycosylée différemment. Moins connu, la C-Glycosylation se compose de motifs très courts allant de 1 à 3 résidus glycaniques. Les Glycosphingolipides présentent deux formes de glycosylation dites « acide » ou « neutre » selon qu'ils portent ou non un Acide Sialique terminal. Les rôles des glycanes sont divers et s'étendent du polymère de réserve qu'est le glycogène au lien que forme l'ancre GPI (Glyccosyl-Phosphatidyl-Inositol), en passant par tous les phénomènes de reconnaissance et de liaison dont peut avoir besoin une cellule. En encadré un hyaluronane portant des protéoglycanes.

(D'après Moremen et al., 2012)

Il existe donc un très grand nombre de glycanes différents au sein d'un même organisme, rendant leur étude à la fois complexe et passionnante (Figure 15 ; Moremen et al., 2012). Cette variabilité de structures constitue un atout précieux pour les cellules puisque grâce à cela, elles peuvent mettre en place des mécanismes de reconnaissance très pointus. Le changement d'un seul résidu glycanique dans une structure suffit parfois à ce qu'elle ne soit plus reconnue par son récepteur (Stowell et al., 2008). Ces structures, d'une importance capitale dans les phénomènes de reconnaissance et d'adhésion, sont généralement portées par des molécules protéiques ou lipidiques pour donner des glycoprotéines ou des glycolipides. A l'heure actuelle la glycosylation est, en ce qui concerne les protéines, la modification post-traductionnelle la plus importante, et sans nul doute chez les eucaryotes, la plus indispensable au bon fonctionnement de la cellule et de l'organisme (Lowry et al., 2005; Potapenko et al., 2010; Nakano et al., 2011; Lu et al., 2012).

Les glycanes sont liés de manière différente selon l'accepteur, il existe même plusieurs façons distinctes de les lier aux protéines. Soit le premier sucre est lié sur un atome d'oxygène, on parle alors de *O*-Glycosylation ; soit le premier sucre est lié à un atome d'azote, on parle alors de *N*-Glycosylation, plus rarement de la C-Glycosylation a pu être observée (Figure 15).

II. Les Glycoprotéines

i. *La O-Glycosylation* : La plus répandue appelée « *O*-Glycosylation type mucine », possède comme premier résidu une *N*-AcétylGalactosamine (GalNAc) greffée sur une sérine ou une thréonine. Outre le fait qu'elle se trouve de façon prépondérante sur les mucines des muqueuses, ce type de *O*-glycane est surtout connu comme médiateur de l'adhésion cellulaire via les sélectines, une famille de lectines. Importante dans le phénomène d'adhésion intervenant dans les processus de « homing » des lymphocytes, cette structure permet aux lymphocytes d'être stoppés et de traverser la paroi du capillaire, rendant les *O*-glycanes de type mucine essentiels pour le système immunitaire (Ellies et al., 1998). L'ajout du premier résidu pouvant être réalisé par toute une famille d'enzymes, les GALNTs (GalNAc Transférases), l'étude de l'impact de la structure sur le développement est resté très complexe. Malgré cette difficulté des études très récentes ont démontré par exemple que ce type de *O*-glycosylation influence la sécrétion de la laminine et du collagène IV, composants essentiels de la MEC nécessaires à la signalisation cellulaire dépendante des intégrines et du FGF (Tian et al., 2012a).

D'autres *O*-glycosylations sont présentes sur les protéines portant un motif dit « EGF » ou « EGF-like » ou encore « TSRs » (Thrombospondin type1

Repeats). Selon le motif, le sucre ajouté pourra être un Glucose (Glc) ou un Fucose (Fuc). Le motif reconnu par l'enzyme PoGlut (Protein O-Glucosyltransférase) qui ajoute un Glucose sur une Sérine est : C_1-X-S-X-P-C_2 (le X représente n'importe quel acide aminé), tandis que le motif reconnu par PoFut1 (Peptide O-Fucosyltransférase 1) l'enzyme qui ajoute un Fucose sur une Sérine ou une Thréonine, est C_2-X_4-(S/T)-C_3 ou W-X_5-C_1-X_{2-3}-S/T-C_3-X_2-G (Luo et al., 2006). L'enzyme PoFut1 est étudiée depuis plusieurs années au sein du laboratoire pour son action sur le récepteur Notch. Il a été montré que la glycosylation de cette enzyme était importante pour sa stabilité et sa solubilité (Loriol et al., 2007). Alors que les acides aminés sur lesquels sont greffés les O-Glycanes ne changent pas, ceux qui l'entourent jouent visiblement un rôle dans la reconnaissance des sites de glycosylation par les glycosyltransférases. Une fois le premier sucre fixé, les autres seront rapidement ajoutés afin de former le O-Glycane final. En effet, le mécanisme de glycosylation est coopératif et il est fait de façon à ce que l'ajout d'un sucre induise systématiquement l'ajout du suivant (Cushley et al., 1983). La synthèse continue jusqu'à la création d'un motif qui ne sera plus reconnu par aucune GT, ces modifications terminales sont souvent caractéristiques, il peut s'agir de sialylation, de fucosylation, de sulfatation voire même de phosphorylation.

Il existe une synergie des glycosyltransférases. En effet, le transfert d'un sucre X aura pour effet d'aider au recrutement de la glycosyltransférase ajoutant le sucre X+1 (Angata et al., 2002). On sait également que dans le Golgi, lieu de synthèse terminale de la plupart des glycanes, il existe des complexes rassemblant les glycosyltransférases impliquées dans la synthèse d'un même motif glycanique, comme montré très récemment pour la synthèse des glycolipides (Spessott et al., 2012). Malgré l'organisation et la spécificité des GT, des glycoprotéines présentent différentes glyco-formes, résultant de la présence, de l'absence ou d'un degré différent de maturation des motifs glycanique qu'elles portent. Ces glyco-formes peuvent être naturelles et avoir un rôle physiologique (Scott et al., 2013), résulter d'une pathologie et servir d'indicateur (Zhang et al., 2012)ou provenir d'une contamination et servir de cible pour la synthèse d'anticorps (Tian et al., 2012b).

Il est donc également important pour des cellules de contrôler la production des motifs glycaniques et d'éviter la synthèse de motif incomplet. Pour cela les protéines qui portent des défauts de glycosylation seront renvoyées et/ou dégradées dans le réticulum endoplasmique lors de l'étape de « contrôle ». L'un des exemples les plus pertinents dans notre cas est une expérience menée il y a vingt ans sur l'expression de la sous-unité H2b du récepteur aux asialoglycoprotéines dans les fibroblastes. Jusqu'à 80% de la production peut-être dégradée si la protéine n'est pas ou est incomplètement repliée (Wikström et Lodish, 1993).

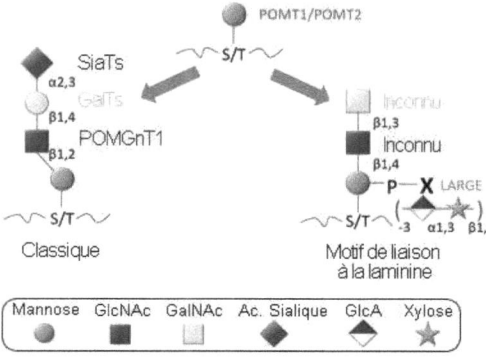

Figure 16. Représentation schématique des deux formes de *O*-mannosylation les plus connues.
A gauche, la forme *O*-mannosylée dites « classique » car retrouvée sur la majorité des protéines *O*-mannosylées. A droite, une forme de *O*-Mannosylation particulière possédant un Mannose-6-Phosphate et retrouvée spécifiquement sur l'alpha-dystroglycane pour lui permettre de se lier à la laminine.
(D'après Dobson et al., 2013)

Une autre forme de *O*-Glycosylation, la *O*-Mannosylation est réalisée par l'action conjointe des deux enzymes POMT1 et POMT2 (Protein *O*-Mannosyltransferase 1 et 2) (Figure 16). La *O*-Mannosylation a été découverte pour la première fois chez la levure (Klages, 1934). Alors que la communauté scientifique pensait cette modification spécifique du champignon, en 1979 la présence des *O*-mannoses (Finne et al., 1979), puis en 1986 des *O*-mannosyl glycanes étaient révélée dans le cerveau de mammifères (Krusius et al., 1986). Les protéines *O*-mannosylées sont alors découvertes, notamment l'alpha-dystroglycane (α-DG) dont l'étude va prendre un tournant particulier en 1997. En effet, cette année-là une équipe dirigée par Endo décrit sur l'alpha-dystroglycane au niveau de cellules de Schwann bovines, une structure *O*-mannosylée, ayant comme premier résidu un mannose phosphorylé (Chiba et al., 1997) (Figure 16). Il s'avère également que cette structure est essentielle pour la liaison de l'α-DG à la laminine. Un an plus tard, la même équipe démontra l'existence de cette *O*-mannosylation sur l'α-DG dans le muscle squelettique du lapin et, en 1999, Endo publiera la première revue entièrement dédiée à la *O*-mannosylation chez les mammifères (Endo, 1999). Depuis ce jour, les études de la *O*-mannosylation se sont concentrées sur l'α-DG et sur le trisaccharide phosphorylé qu'il porte. Les chercheurs tentent encore aujourd'hui de préciser les enzymes responsables de sa synthèse et leur rôle dans celle-ci.

Il est également possible d'observer des motifs commençant par un Xylose, notamment sur les Sérines de l'héparine ou de certains protéoglycanes. La littérature parle aussi d'une *N*-AcétylGlucosamine (GlcNAc) seule attachée sur une Sérine ou une Thréonine, très récemment décrite dans le phénomène de dégradation protéique et comme étant impliquée dans la régulation de Mef2D, un facteur de transcription de la Myogénine. Une diminution de la *O*-GlcNAcylation semble nécessaire au recrutement de Mef2D sur le promoteur, permettant ainsi l'expression du gène codant la Myogénine et l'inhibition de manière indirecte de la myogenèse (Ogawa et al., 2013; Ruan et al., 2013). Enfin, un motif constitué d'un Galactose suivi uniquement d'un Glucose porté par une hydroxylysine a été décrit comme marqueur de la résorption osseuse en 1999 et a ensuite été retrouvé sur le collagène ; ce motif continu d'être étudié aujourd'hui (Al-Dehaimi et al., 1999; Perdivara et al., 2013).

ii. *La N-Glycosylation :* Ce type de glycosylation illustre bien la grande diversité des structures que l'organisme peut synthétiser à partir du même motif de base. Il s'effectue en trois étapes et met en jeu la spécificité des glycosyltransférases ainsi qu'un autre genre d'enzymes appelées glycosidases (Figure 17, Moremen et al., 2012). En effet, tous les motifs de la *N*-Glycosylation commencent par un pentasaccharide synthétisé sur un lipide (le Dolichol-Phosphate) au niveau du réticulum endoplasmique et sera transféré par la suite sur les structures protéiques. La synthèse du pentasaccharide débute par l'ajout d'un *N*-AcétylGlucosamine sur une Asparagine. Une seconde GlcNAc lui sera ajoutée suivi d'un Mannose. Sur ce dernier deux autres Mannoses en position 3 et 6 seront greffés (Figure 17A). Ces cinq résidus glycaniques constitueront le motif de base de tous les *N*-Glycanes. Une série de mannoses sera ensuite ajoutée, créant au final une structure tri antennée comptant huit résidus Mannoses (Figure 17B). La protéine portant ce *N*-Glycane de transition sera alors transférée vers le Golgi où il pourra être modifié par l'action conjointe de Glycosidases, qui cliveront certains mannoses, et de Glycosyltransférases qui vont ajouter d'autres sucres. L'arrivée de la protéine dans le Cis-Golgi marque le début de la dégradation de la structure de transition aux huit Mannoses. Un à un, trois mannoses vont être clivés laissant ainsi seulement deux Mannoses liés à la structure de base sur le même Mannose (Figure 17C). Cet enchainement particulier est la première *N*-Glycosylation définitive possible, elle est appelée

« Hautement Mannosylée ». Pour autant cette structure peut encore être modifiée, l'ajout d'un GlcNAc sur le Mannose de la structure de base permet d'obtenir la deuxième forme de *N*-Glycosylation définitive appelée « Hybride » (Figure 17D). A ce stade, la protéine peut être transportée dans le Golgi Médian.

Dans ce compartiment, deux étapes déterminantes peuvent avoir lieu. La première concerne l'élimination des deux derniers Mannoses, en dehors de la partie commune. Cette modification, irréversible, conduit à la formation d'un *N*-Glycane dit « Complexe », constituant la dernière catégorie. Dans le Golgi Médian un Fucose peut être ajouté sur le tout premier GlcNAc lié à la protéine (Figure 17E). Le nombre d'antennes se détermine également dans ce compartiment et peut aller de un à quatre. Pour cela, une ou deux GlcNAc sont ajoutées sur les résidus Mannose. La protéine passe ensuite dans le Trans-Golgi où elle subira les dernières modifications. L'établissement du *N*-Glycane « complexe » final se fait de manière séquentielle. Dans un premier temps, tous les GlcNAc terminaux se voient greffer un résidu Galactose. Dans un second temps, un acide Sialique peut ou non être ajouté sur le Galactose (Figure 17F). Une Fucosyltransférase peut également intervenir sur la GlcNAc terminale et y transférer un fucose (Figure 17G). Toutes ces étapes donnent naissance à des structures d'une grande diversité ; portées par des protéines, elles leurs permettront de se lier à des partenaires tout aussi différents (Moremen et al., 2012).

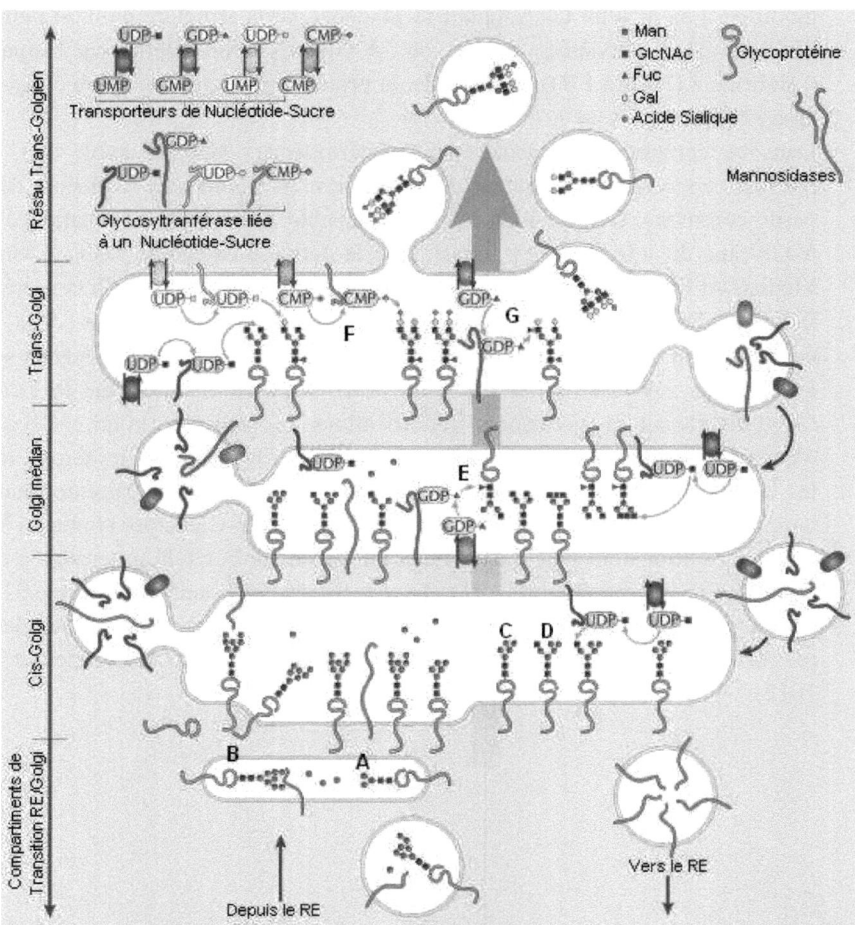

Figure 17. Schéma de la synthèse de N-glycanes au sein de l'appareil Golgi.
L'organisation de la synthèse de la glycosylation des protéines est un phénomène largement étudié. Ici l'exemple de la *N*-Glycosylation est utilisé pour montrer l'existence d'une répartition des différentes glycosyltransférases dans les différents compartiments du Golgi. Il existe visiblement une organisation spatiale et temporelle de la glycosylation des protéines au sein du Golgi, permettant ainsi une synthèse précise et organisée des différentes structures glycaniques que nous connaissons. Cette répartition particulière pourrait expliquer la nature même de certains motifs. Les lettres de A à G indiquent les différentes étapes importantes de la synthèse des *N*-glycanes.
(D'après Moremen et al., 2012)

Dans le cas de la myogenèse, les mécanismes de reconnaissance et de fusion cellulaire sont cruciaux. Cela passera par la régulation de l'expression des glycoprotéines, des protéoglycanes et des glycolipides portant des glycanes parfois très spécifiques, ainsi que des lectines capables de reconnaitre ces motifs glycaniques; tout cela conduisant à la formation de myotubes fonctionnels (Figure 18; Janot et al., 2009).

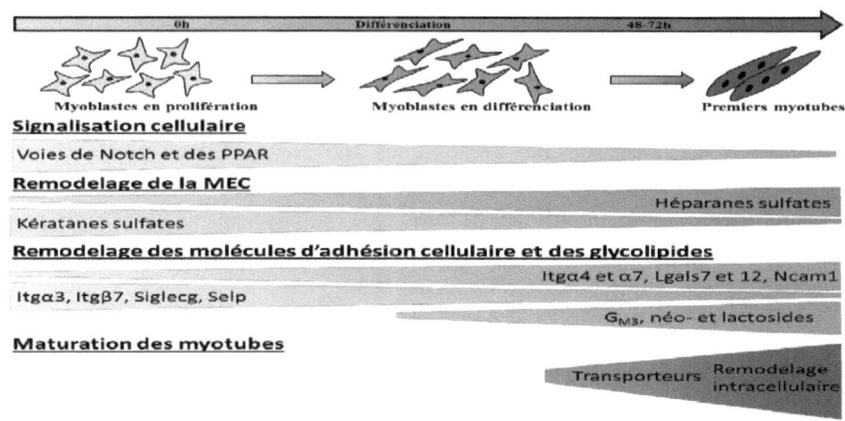

Figure 18. Modèle hypothétique de régulation de certains procédés cellulaires dépendant des glyco-gènes hautement variants durant la différenciation myogénique des C2C12.
Basés sur les fonctions des protéines codées par les gènes présentant de fortes variations d'expression, différents évènements clés ont été proposés comme étant impliqués dans la différenciation des C2C12.

En 2007, une équipe démontre que le nombre et le degré de branchement des N-Glycanes complexes assurent un rôle dans la régulation de la prolifération et de la différenciation cellulaire. Parmi les exemples cités dans leurs travaux, nous retrouvons bon nombre de récepteurs impliqués dans l'activation et la différenciation des cellules satellites. C'est le cas notamment des récepteurs aux facteurs de croissance (EGFR, IGFR, FGFR et PDGFR). Ces molécules présentes à la surface de la cellule possèdent de nombreux N-Glycanes, augmentant ainsi leur sensibilité et engendrant une réponse métabolique très forte. Il existe également des récepteurs faiblement glycosylés, comme le récepteur au TGF-β, inhibiteur de la myogenèse. Le petit nombre de N-Glycanes portés par cette protéine lui permet d'être fortement exprimée à la surface de la cellule. Son internalisation accélérée par endocytose constitutive aura pour effet d'internaliser d'autres structures glycosylées dont la dégradation augmente la quantité d'hexosamines intracellulaires. Ces dernières contribueront à la synthèse des composés hautement *N*-Glycosylés (Lau et al., 2007). Les Glycanes peuvent donc influencer la sensibilité de réponse à l'environnement et aux différents composants de la matrice extracellulaire.

iii. *Les Glycolipides* : ces structures, nombreuses et diverses, font partie de la famille des sphingolipides et sont présentes à la surface des cellules au même titre que les glycoprotéines. Répertoriés en trois catégories, selon leur composition, les glycolipides sont classés principalement en Lacto/NéoLacto-sides, Ganglio-sides et Globo-sides (Figure 19). Les gangliosides sont les seuls sphingolipides qui possèdent un ou plusieurs acides sialiques à leurs extrémités, ce qui en a rapidement fait le groupe le plus étudié. Les galactosylcéramides sont des glycolipides pouvant également porter un acide sialique. Mais l'étendue des glycolipides ne s'arrête pas là, il existe une très grande diversité de modifications possibles, notamment au niveau du résidu céramide dont les chaines alkyles peuvent varier en longueur, être plus ou moins saturées ou hydroxylées (Cooper, 1999).

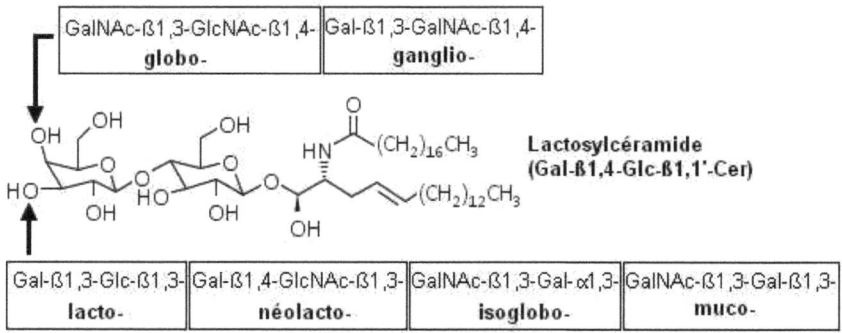

Figure 19. Structures et noms usuels des différents groupes de glycosphyngolipides dérivant du lactosylcéramide et retrouvés chez les mammifères.

Chaque groupe sera formé du Lactosylcéramide sur lequel sera lié au moins une fois en position 3 ou en 4 le disaccharide indiqué.

(D'après Kolter et al., 2002)

Toute la gamme des glycolipides est cependant synthétisée par un nombre réduit d'enzymes. Il s'agit en effet d'une synthèse « en ligne », c'est-à-dire que les mêmes enzymes vont agir sur différentes structures de base, créant ainsi très rapidement un grand nombre de structures finales différentes. Ce type de synthèse est très bien illustré par le terme anglais de « series », un exemple est présenté en Figure 20 pour les Gangliosides. La diversité pour les glycosphyngolipides s'exprime également par le niveau d'expression des enzymes de synthèse qui diffère selon le type cellulaire et le stade de développement, on parle alors de diversité spatio-temporelle. Par exemple, les gangliosides sont retrouvés en majorité au niveau des cellules neuronales, néanmoins il a été observé que chez la souris adulte, le cerveau contient huit fois plus de glycolipides que chez l'embryon et les structures exprimées sont d'ordre plus complexe (Yu et al., 2008). Inversement, concernant la synthèse des Lacto/NéoLactosides, une étude menée également sur la souris, a montré la forte expression de l'enzyme responsable de l'ajout du GlcNAc en β1,3 au stade embryonnaire puis sa diminution après la naissance (Henion et al., 2001). Dans les années quatre-vingt-dix, de nombreuses études ont permis de relier les glycosphingolipides aux phénomènes de reconnaissance et de signalisation cellulaire. Les gangliosides GM1 et GM3 ont été reliés au phénomène de phosphorylation. Notamment le GM3 est décrit comme un inhibiteur de la phosphorylation des tyrosines alors que le GM1 semble lui l'activer (Zhou et al., 1994; Mutoh et al., 1995). Nous connaissons aujourd'hui l'importance de cette phosphorylation dans l'activation de certains récepteurs aux facteurs de croissance et le GM1 et le GM3 avaient déjà été décrits dans ces deux études, respectivement comme inhibiteur du récepteur à l'EGF (EGFR) et activateur du Neural-GFR. Au-delà de ces actions directes, les sphingolipides sont également impliqués dans la formation de radeaux lipidiques.

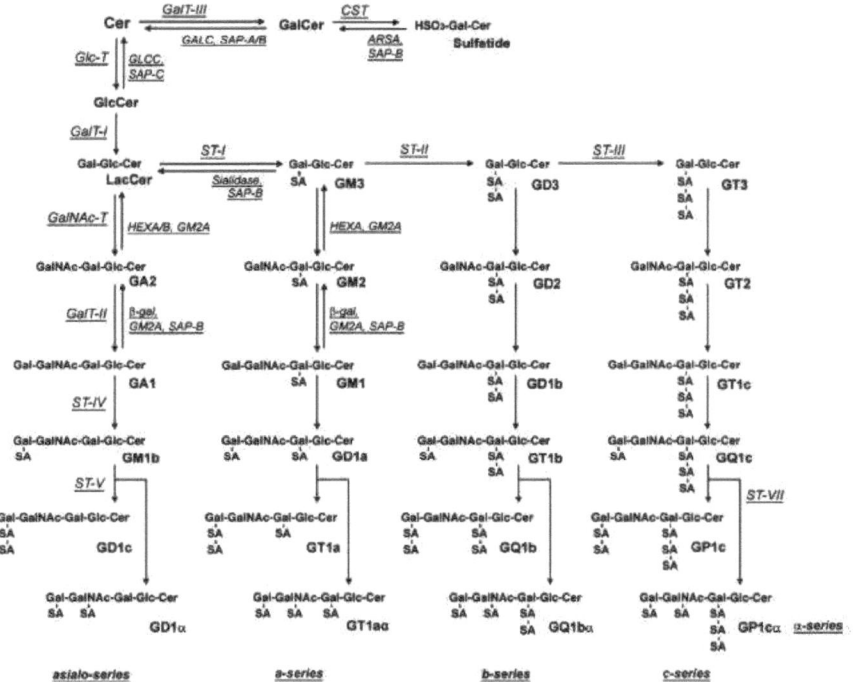

Figure 20. Structures et voies de synthèse des gangliosides.
La nomenclature utilisée est basée sur les travaux de Svennerholm, 1963. Les enzymes sont soulignées : ARSA : arylsulfatase A ; β-gal : lysosomal acid β-galactosidase ; CST : cérébroside sulfotransférase ; GALC : galactosylcéramidase ; GalCer : Galactosylcéramide ; GalNAcT : GA2/GM2/GD2/GT2 synthase ; Gal-TI : LacCer synthase ; GalT-II : GA1/GM1/GD1b/GT1c synthase ; GalT-III : GalCer synthase ; GlcT : GlcCer synthase ; GM2A : GM2 activator protéine ; HEX : β-N-acetylhesoxaminidase ; SAP : saponine ; ST-I : GM3 synthase ; ST-II : GD3 synthase ; ST-IV : GM1b/GD1a/GT1b/GQ1c synthase ; ST-VII : GD1α/GT1aα/GQ1bα/GP1cα synthase. Sont représentées de manière schématique les voies conduisant à la synthèse des divers gangliosides et leur série.

Ces structures membranaires particulièrement riches en cholestérol et sphingolipides contiennent une concentration plus élevée en glycosphingolipides, phosphatidyl-choline, protéines transmembranaires et en protéines ayant une ancre GPI (Brown et London, 2000). Ces micro-domaines forment des renflements au sein de la membrane plasmique, visibles en microscopie à fluorescence (Figure 21).

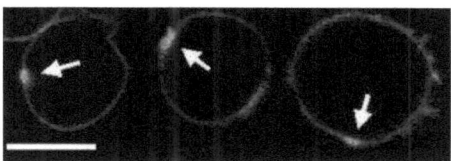

Figure 21. Rafts lipidiques dans les cellules HeLa.
Rafts lipidiques observables dans les cellules HeLa après marquage avec un anticorps anti-phosphatidylcholine. Les flèches blanches pointent les rafts lipidiques. La barre blanche représente 10µm.
(D'après Stöckl et al., 2008)

La formation de rafts permet également le recrutement en un point donné de certaines protéines et de les y concentrer (exemple Figure 10). Cette propriété est importante pour la myogenèse à différents niveaux. Dans un premier temps, il a été démontré que des protéines d'adhésion, étaient fortement représentées au sein des radeaux lipidiques et que cela avait pour effet de faciliter la fusion cellulaire (Figure 22 ; Mukai et al., 2009). C'est le cas pour la protéine M-cadhérine qui est recrutée dans des micro-domaines membranaires de cellules musculaires murines, appelés domaines de « fusion-compétence » par les auteurs (Mukai et Hashimoto, 2013). Une étude avait également impliquée la *N*-Cadhérine dans une association avec la protéine p120 Caténine. Cette association nécessite leur présence au sein de rafts et intervient lors de contacts cellulaires, l'étude montre que cette association est requise pour le bon déroulement de la myogenèse (Taulet et al., 2009). La séquestration du FGF2 par le Glypicane1 s'effectue au sein des rafts, et permet ainsi de lever l'inhibition de la différenciation (Gutiérrez and Brandan, 2010).

En outre, les glycolipides ont de nombreuses actions influençant la prolifération et la différenciation des cellules myogéniques, de façons directes ou indirectes via la présence des radeaux lipidiques. Il sera donc important pour nous d'étudier les gènes impliqués dans la synthèse de ces structures glycaniques.

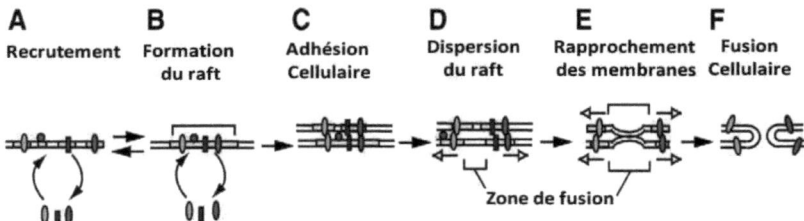

Figure 22. Implication des radeaux lipidiques dans le processus de la fusion cellulaire.
A-B. Les protéines d'adhésion sont adressées à la membrane, la formation du raft permet de les concentrer en un point. C. La liaison à d'autres protéines sur une cellule voisine participe à l'adhésion cellulaire. D-E. La dispersion des rafts lipidiques induit l'éloignement des protéines en interaction, et ceci rapproche les membranes. F. La fusion des deux membranes peut alors se faire.
(D'après Mukai et al., 2009)

iv. *Les Glycosaminoglycanes (GAGs) :* leur synthèse est très répétitive car il s'agit d'un enchainement de disaccaharides identiques (Figure 23).

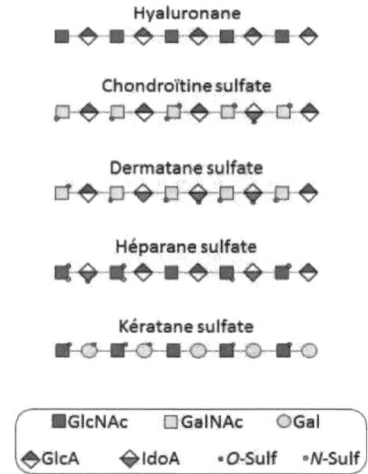

Figure 23. Représentation schématique des Glycosaminoglycanes.
Les GAGs sont composés d'un enchaînement de disaccharides, chaque monosaccharidique pouvant être sulfaté. La sulfatation est soit de type *O*-sulfatation (en orange) soit de type *N*-sulfatation (en vert) et s'effectue sur les carbones 2 de l'acide iduronique ou 4 de la *N*-acétylglucosamine et de la *N*-acétylgalactosamine ou 6 du galactose, de la *N*-acétylglucosamine et la *N*-acétylgalactosamine.

Les glycosaminoglycanes sont également retrouvés sous une forme sulfatée nécessitant pour cela l'intervention lors de leur synthèse de sulfotransférases. Ces GAGs seront synthétisés à partir deglycanes de liaison portés par des protéines afin de former des protéoglycanes.

a. *Les sulfotransférases* : La sulfatation est la modification la plus importante subie par les glycosaminoglycanes. En raison de la charge négative ajoutée, cette modification peut induire des changements majeurs entre autres au niveau de la structure, la fonction, l'interaction, la localisation et la synthèse des protéoglycanes. La famille des Sulfotransférases comprend plusieurs enzymes qui se retrouve essentiellement au niveau de l'appareil de Golgi. Pas moins de quinze sulfotransférases sont connues à ce jour (nommée de CHST1 à CHST15), la comparaison de leur séquence montre que ces enzymes ont le même repliement structural et le même motif de liaison au 3-phosphoadénosine 5-phosphosulfate (PAPS), le substrat donneur du groupement phosphate le plus connu et le plus répandu (Rath et al., 2004). Parmi les CHST, certaines sont impliquées dans la myogenèse, par exemple CHST11 ou C4ST-1 pour Chondroïtine 4-O-Sulfotransférase-1. L'enzyme CHST11 catalyse la sulfatation des résidus GlcNAc préférentiellement présents dans les chondroïtines. Chez le poisson zèbre, l'inactivation de cette enzyme perturbe l'expression de *MyoD1* et cause une réduction du nombre de somites. Ceci indique son importance dans le processus de développement musculaire. Un autre exemple de l'importance des sulfotransférases dans ce processus est apporté par l'enzyme HS6ST pour Héparane Sulfate 6-O-Sulfotransférase. En effet l'inactivation de HS6ST chez le poisson zèbre produit des fibres musculaires de structure anormale provenant également d'anomalies au niveau de l'expression de *MyoD1* (Bink et al., 2003).

b. *Synthèse des Kératanes Sulfates (KS)* : L'élongation de la chaine polysaccharidique débute dans le Golgi médian où un galactose est greffé sur le résidu GlcNAc appartenant au sucre de liaison. La β3GNT7 (β-1,3-N-acétylglucosaminyltransférase) greffe ensuite un résidu GlcNAc, sur le résidu Gal. Intervient alors une étape de sulfatation par les enzymes CHST5 et CHST1 (Carbohydrate sulfotransférase 5 et 1) qui sulfatent les résidus GlcNAc et Gal respectivement (Figure 24). La sulfatation par CHST5 du résidu GlcNAc favorise l'action des glycosyltransférases, suggérant que CHST5 est nécessaire à l'élongation du KS. L'action de CHST1 est elle aussi favorisée par la sulfatation du GlcNAc. En revanche la sulfatation des résidus Gal terminaux par CHST1 diminue l'activité des glycosyltransférases, appuyant sur le fait que CHST1 est impliquée dans la terminaison de synthèse des KS.

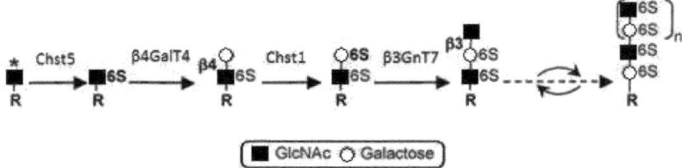

Figure 24. Synthèse de la chaine de kératane sulfate
L'élongation du kératane sulfate se fait de manière séquentielle via 4 étapes répétées *n* fois. **R** : sucre de liaison.

Autre modification importante de la chaine polysaccharidique, le transfert d'un acide *N*-acétylneuraminique sur le premier résidu Gal de la chaine arrêtant ainsi les possibles modifications ultérieures (Kitayama et al., 2007). A ce jour, trois types de kératanes sulfates ont été identifié (Funderburgh, 2002 ; Figure 25), le KS de type II est synthétisé par les mêmes enzymes exceptée CHST5, remplacée par CHST2/4 de même que la *N*-acétylneuramyltransférase (Figure 25). Pour le KS de type III, plus particulier, l'ajout de GlcNAc aux protéines mannosylées est catalysé par la POMGnT1 (Protein O-linked-mannose beta-1,2-N-acetylglucosaminyltransferase 1) avant la synthèse de la chaine polysaccharidique (Figure 25).

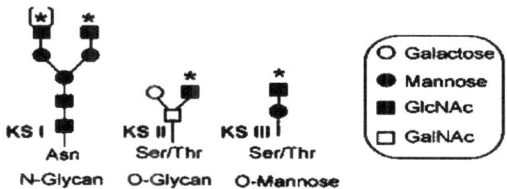

Figure 25. Sucres de liaison des trois types de kératanes sulfates.

Les sucres de liaisons sont issus de *N*- et *O*-glycosylations particulières portées par les résidus asparagine (Asn), sérine et/ou thréonine (Ser/Thr) du corps protéique. La chaine polysaccharidique est ensuite synthétisée sur la GlcNAc (*).

c. *Synthèse des chondroïtines et héparanes sulfates* : La synthèse de ces deux glycosaminoglycanes se fait à partir du même sucre de liaison. Les chaines de Chondroïtine consistent en un assemblage de disaccharide GalNAc-Acide Glucuronique dont le GalNac peut être sulfaté en position 4 ou 6. L'élongation de la chaine nécessite l'intervention d'une protéine appelée Facteur de polymérisation des Chondroïtines. Cette protéine ne possède pas d'activité propre mais est nécessaire à la bonne synthèse des chondroïtines sulfates. Ces polysaccharides peuvent également présenter des chaines dites hybrides, intégrant un autre disaccharide. C'est le cas des chondroïtines sulfates B ou dermatanes sulfates qui possèdent un ou plusieurs disaccharides GalNAc-Acide Iduronique (Figure 23).

Les héparanes sulfates sont également de longues chaines issues de l'assemblage de disaccharide GlcNAc-Acide Glucuronique. Ces polysaccharides peuvent subir deux modifications particulières. La première est la déacétylation du GlcNAc suivie de sa sulfatation, ces deux actions sont effectuées par deux enzymes distinctes dont les actions doivent être très rapprochées. Cette modification aboutit à la formation d'un glucose N-sulfaté. La seconde modification est l'épimérisation de l'acide glucuronique en acide iduronique, créant une structure de type hybride comme observée pour les chondroïtine sulfate (Figure 26). Outre ces deux modifications, les acides iduroniques suivant les glucoses N-sulfatés seront également sulfatés en position deux. Enfin, quelques sulfatations en position 6 pourront également être retrouvées sur les GlcNAc et Glc-NSO3 (Figure 26).

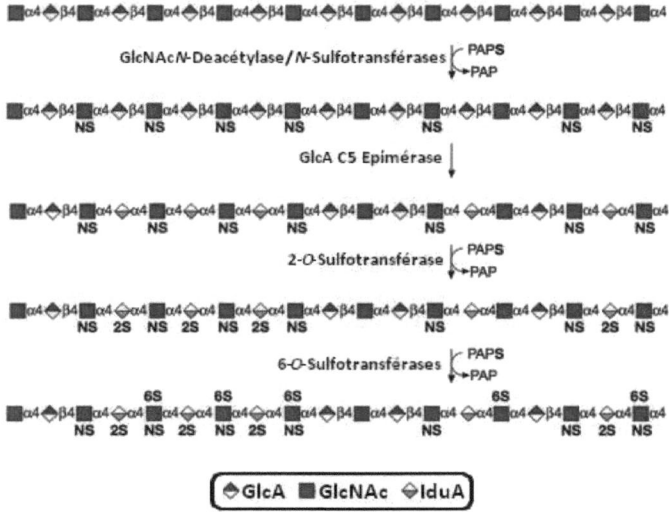

Figure 26. Modifications au niveau des glycanes composant la chaine polysaccharidique des héparanes sulfates
Les différentes modifications interviennent de façon séquentielle et souvent dépendent des précédentes. Ainsi différentes chaines résultant de ces modifications seront retrouvées sur le même protéoglycane dans l'organisme.
(Issu de Essentials of glycobiology, 2nd edition (2009))

Contrairement aux GAG déjà décrits, les hyaluronaes sont des polymères d'un disaccharide jamais sulfaté (GlcA-β1,3-GlcNac). Cette structure, libre dans la matice extracellulaire, peut porter des protéoglycanes liés à celle-ci par des domaines de liaison spécifique (encadré Figure 15).

La matrice extracellulaire (MEC) :

La MEC est un réseau complexe composé essentiellement de trois types de molécules (Collagène, Protéoglycanes, Glycoprotéines ; Figure 27), produites et sécrétées par la cellule elle-même afin de se protéger et/ou d'interagir avec son environnement. La cellule crée ainsi une « niche » favorable à son développement qui évolue sans cesse en fonction de ses besoins, des voies de différenciation empruntées et du stade auquel elle se trouve. La MEC diffère selon le tissu et le type cellulaire. Nous nous limiterons ici au tissu musculaire dont le développement nécessite des étapes de migration et d'organisation cellulaires. La matrice extracellulaire constitue une sorte de maillage continu autour des cellules. Il apparait aujourd'hui que les interactions de la cellule avec la MEC servent à la polarisation, à la séparation, à la migration « longue distance » et à l'organisation des cellules dans le bourgeon du membre durant l'embryogenèse (Thorsteinsdóttir et al., 2011, Corrigendum en 2012).

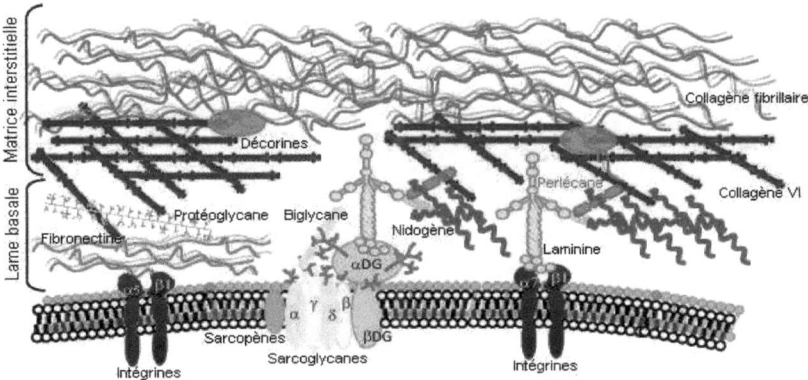

Figure 27. Schéma de la matrice extracellulaire présente au niveau du muscle squelettique.
Nous pouvons observer ici la complexité de la matrice extracellulaire et mieux comprendre ses nombreux rôles. Les fibres de collagène prennent une part importante dans cette matrice car elles permettent la bonne structuration de la fibre musculaire squelettique. Le lien entre la matrice, la cellule et le milieu intracellulaire est assuré par la laminine liée à des complexes intégrines α/β ou α/β dystroglycane (DG). Contrairement à ce qui est représenté sur le schéma, les protéoglycanes composent une grande partie du réseau de la lame basale et assurent aussi bien la jonction cellulaire que la fixation de certaines molécules telles que les facteurs de croissances.
(Schéma modifié, d'après Allamand et al., 2011)

Le maillage de la MEC s'accompagne de nombreux composants libres : des glycosamino-glycanes, des facteurs de croissance et d'autres glycoprotéines extracellulaires. La composition de l'environnement de la cellule musculaire squelettique a été détaillée lors d'une étude menée en 2012 par Wolf et al.

I. *Le collagène*

Le collagène est considéré comme un composant à part entière de l'organisme, car il constitue 50% des protéines totales d'un organisme. Cette glycoprotéine particulière se distingue des autres par sa forte concentration en glycine et proline. Selon les tissus, le collagène sera de composition et forme diverses. La synthèse du collagène dépend de la voie des TGF-Béta et de la voie sous-jacente des Smad, ces derniers activant la transcription des gènes codant les différentes chaines de collagène ainsi que pour les enzymes servant à leur assemblage. Il existe près de 20 types de collagène (Tableau 1) toujours constitués d'une triple hélice de chaines alpha. Les collagènes fibrillaires forment des fibrilles de 300 à 390nm de long, qui possèdent un pouvoir structurant évident. Les collagènes associés aux fibrilles sont présents essentiellement dans les tissus interstitiels et le cartilage. Les collagènes d'ancrage et ceux formant des feuillets sont retrouvés au niveau des lames basales et constituent donc un intérêt particulier pour nous. Enfin, les collagènes transmembranaires se trouvent sur les Hémi-desmosomes dans la peau.

Tableau 1. Les différents types de collagènes, leurs combinaisons et principales localisations.
Les combinaisons des différentes chaines qui composent chaque type de collagène sont notées de la façon suivante « [chaine αx (type)] nombre ». Exemple : [α1(I)]2[α2(I)] signifie 2 chaines α1 du collagène de type I et une chaine α2 du collagène de type I.

Type	Composition moléculaire	Exemples de localisation
Collagènes Fibrillaires		
I	[α1(I)]2[α2(I)]	Derme, Os
II	[α1(II)]3	Cartilages
III	[α1(III)]3	Derme, Paroi artérielle
V	[α1(V)]2[α2(V)] ou [α1(V)]3	Multiples
XI	[α1(XI)][α2(XI)][α3(XI)]	Cartilages
Collagènes Associés Aux Fibrilles		
VI	[α1(VI)][α2(VI)][α3(VI)]	Multiples
IX	[α1(IX)][α2(IX)][α3(IX)]	Cartilages
XII	[α1(XII)]3	Derme
Collagènes d'Ancrage et Formant des Feuillets		
IV	2 chaines α1, α3 ou α4(IV) avec 1 chaine α2, α5 ou α6(IV)	Membranes basales
VII	[α1(VII)]3	Membranes basales
VIII	[α1(VIII)]2[α2(VIII)]	Cellules endothéliales
X	[α1(X)]3	Cartilages
XV	[α1(XV)]3	Lame basale musculaire
Collagènes Transmembranaires		
XIII	[α1(XIII)]3	Hémi-desmosomes
XVII	[α1(XVII)]3	Hémi-desmosomes
Autres Collagènes		
XIV	[α1(XIV)]3	Inconnu
XVI	Inconnu	Inconnu
XIX	Inconnu	Inconnu

II. *Les protéoglycanes*

Les monomères de protéoglycanes sont composés d'un corps protéique portant des glycosaminoglycanes liés à la protéine par des sucres de liaison. Les kératanes sulfates sont greffés sur des sucres de liaison issus de *N*- et *O*-glycosylatoin sur le corps protéique. Les kératanes sulfates de type I ont pour sucre de liaison un *N*-glycane complexe bianténé (Figure 25) alors que les kératanes sulfates de type II et

III ont pour sucre de liaison respectivement un trisaccharide (GalNAc-Gal-GlcNAc) et un disaccharide (Man-GlcNAc) *O*-lié sur une sérine ou une thréonine (Figure 25). Les chondroïtines et héparanes sulfates sont greffés sur le même sucre de liaison dontla synthèse débute par le transfert d'un xylose sur une sérine du corps protéique (Figuree 28).

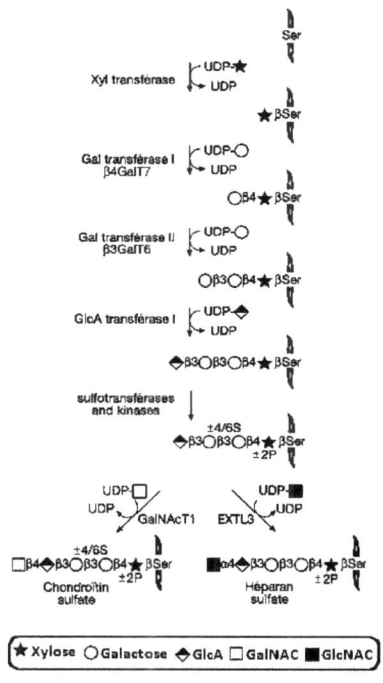

Figure 28. Synthèse du sucre de liaison des héparanes et chondroïtines sulfates.
Les premières étapes de la synthèse du sucre de liaison sont identiques, seule la dernière étape sera déterminante du type de polysaccharide qui serasynthétisé par la suite.
(D'après Essentials of glycobiology, 2nd edition (2009))

Deux résidus galactose seront ensuite ajoutés successivement par deux galactosyltransférases différentes avant que ne soit greffé le premier acide glucuronique. Le résidu ajouté par la suite est déterminant, il définit la nature du GAG : si c'est un GalNAc c'est un chondroïtine sulfate qui sera synthétisé, si c'est un GlcNAc alors se sera un héparane sulfate (Figure 28). Les protéoglycanes ont plusieurs rôles dans la connexion cellulaire et tissulaire ainsi que dans la signalisation et la communication cellulaire. La myogenèse n'étant évidemment pas épargnée, des études démontrent l'implication des protéoglycanes dans l'établissement du muscle comme dans sa régénération (Casar et al., 2004; Dolez et al., 2011).

III. Les glycoprotéines extracellulaires

Les glycoprotéines extracellulaires, souvent sous forme de polymères, assurent diverses fonctions au sein de la MEC. Les plus importantes en nombre sont la Fibronectine, la Laminine et la Tenascine.

i. *La fibronectine :* C'est une glycoprotéine de 230kDa, synthétisée par des cellules aussi différentes que les fibroblastes, les chondrocytes, les cellules épithéliales ou encore les macrophages. Cette glycoprotéine se dimérise (Figure 29) et a comme principale fonction d'assurer la liaison entre les fibres de collagène, les protéoglycanes et la cellule via les intégrines (Woods et al., 1986). Elle participe ainsi à l'organisation de la MEC grâce à ses nombreux et différents sites de fixation. Selon le type cellulaire la réponse sera différente, les fibroblastes sont les plus sensibles à une liaison à la fibronectine (Schlie-Wolter et al., 2013).

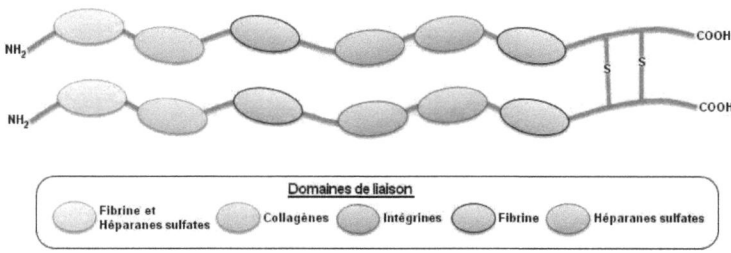

Figure 29. Organisation structurale d'un dimère de fibronectine.
Les molécules de fibronectine se dimérisent grâce à l'établissement de ponts sulfures dans la partie C-terminale. Chaque molécule possède plusieurs domaines de liaison capables de se lier à des composants de la matrice extracellulaire ou structures présentes à la surface de la cellule.

ii. *La tenascine :* Cette protéine de par ces nombreux domaines d'interaction (Figure 30) participe au remodelage de la MEC, elle est également impliquée dans tous les changements liés à la migration cellulaire. Chez les vertébrés il existe quatre formes de tenascine, nommées tenascine-C, tenascine-X, tenascine-R et tenascine-W. Elles sont codées par quatre gènes différents (Tucker et al., 2006). Chaque forme possède les mêmes types de motifs répétés mais avec un nombre de répétitions différents (Figure 30). De plus, le nombre de domaines fibronectine de type III peut varier pour une même forme de tenascine, suite à un épissage alternatif.

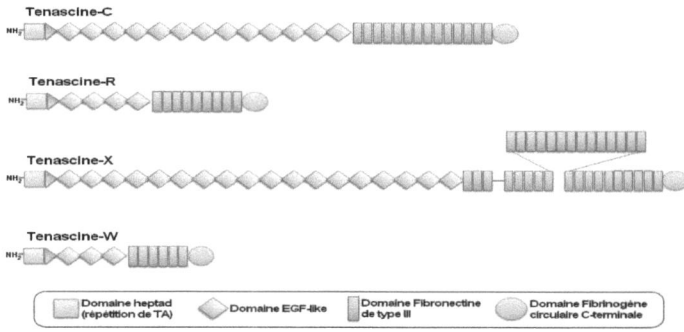

Figure 30. Organisation structurale des différentes formes de tenascine.
Chaque forme de tenascine est représentée avec ses quatre différents domaines. Pour faciliter la représentation des 32 domaines fibronectine de type III, certains ont été placés en dessus pour la Tenascine X.
(D'après Tucker et al., 2006)

iii. *La laminine* : elle se compose de trois chaînes peptidiques (α, β et γ) reliées entre elles par des ponts disulfures (Figure 31). Dix-neuf isoformes de la laminine sont décrites (Ramadhani et al., 2012). Les différentes laminines sont reconnues par des récepteurs, elles s'y lient grâce à la région globulaire des chaînes alpha au niveau C-terminal. Il existe cependant des différences d'interaction selon la nature des isoformes. En effet, les intégrines et les protéoglycanes s'attachent à toutes les chaînes alpha, tandis que le dystroglycane se lie spécifiquement aux chaînes α-1 et α-2. La laminine contient également des domaines de liaison au collagène de type 4, et peut se lier à d'autres cellules notamment épithéliales, mais également neuronales. Ces nombreux domaines d'interaction font de la laminine un élément clé capable de maintenir ensemble tous les composants de la matrice extracellulaire.

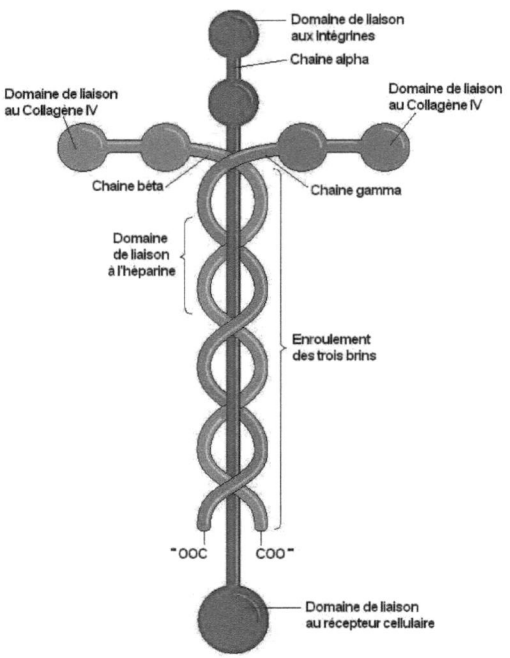

Figure 31. Représentation schématique de l'organisation de la laminine.
La laminine se compose de trois chaines, alpha, béta et gamma entrelacées, les parties globulaires de chaque chaine permettent la liaison de la laminine soit à la MEC (chaines β et γ) ou à la cellule (chaine α).

IV. Matrice extracellulaire et myogenèse

Dans la myogenèse, le collagène a depuis longtemps prouvé son importance toute particulière dans l'alignement et la fusion des cellules myoblastiques (Velleman, 1999). Les cellules musculaires possèdent donc à leur surface des récepteurs au collagène, notamment des complexes d'intégrines α/β dont le rôle est de relier le milieu extracellulaire au milieu intracellulaire. Cette interaction de la cellule avec son environnement permet l'activation de signaux cellulaires conduisant par exemple à la différenciation de la cellule (Ma et al., 2008).

Le collagène de type VI peut également être relié à certains protéoglycanes comme la décorine, pouvant elle-même se lier au TGF-β1 connu dans la myogenèse pour son action inhibitrice (Bidanset et al., 1992). Enfin, très récemment, une étude a montré que des souris déficientes en collagène de type VI présentaient un défaut de régénération et une augmentation du nombre de cellules satellites (Urciuolo et al., 2013). Ce type de collagène, retrouvé au niveau de la lame basale, interviendrait dans l'activation des cellules satellites via la sous régulation de Pax7 (Urciuolo et al., 2013). Maintenant, les collagènes ne sont pas les seuls composants structurants présents au niveau de la MEC, les protéoglycanes jouent également un rôle important. Grâce aux GAGs portés par les protéoglycanes ceux-ci peuvent entrer en compétition avec les récepteurs cellulaires pour la liaison des facteurs de croissance, les retenir et empêcher leur action. *A contrario* les protéoglycanes peuvent servir d'intermédiaire et favoriser la liaison des facteurs de croissance à leur récepteur, en les rapprochant (voir Figure 10). Lors de la myogenèse, lorsque les syndécanes ne sont plus exprimés, le FGF2 se liera alors au glypicane qui le séquestrera, ce qui favorisera la différenciation (Matsuo et Kimura-Yoshida, 2013). Un autre protéoglycane intéressant dans le cadre de la myogenèse est le perlécane qui a de nombreux partenaires. Il se lie aussi bien à des composants de la lame basale (exemple : le collagène de type IV) ou à des composants matriciels (exemple : la laminine ; la protéine Histone H1 présente dans la matrice lors de la régénération musculaire (Henriquez et al., 2002)). Toutes ces interactions vont activer la prolifération, faisant du perlécane un élément essentiel du développement mais aussi de la régénération musculaire. Concernant la régénération, on retrouve également le syndécane 3, tout comme le biglycane qui seront associés cette fois à la fusion et liés à la formation des nouvelles myofibres (Casar et al., 2004).

V. *Matrice extracellulaire et muscle squelettique*

En ce qui concerne le muscle squelettique, durant le développement, la grande majorité des protéoglycanes est exprimée dans le bourgeon du membre, que ce soit chez l'homme ou la souris. Paradoxalement, ces même protéoglycanes se trouvent être sous-exprimés au cours de la myogenèse, mis à part la décorine (surexprimée) et le glypicane 1 (exprimé de manière constante) (Brandan et Gutierrez, 2013). Cela s'explique par leurs rôles durant le développement embryonnaire. Les protéoglycanes serviront à la migration des précurseurs jusqu'au bourgeon du membre. Par la suite, les syndécanes maintiendront les cellules dans un état prolifératif en orientant le FGF2 vers son récepteur (Zhang et al., 2008). Toujours au niveau musculaire, la laminine joue également un rôle important dans la formation de ce dernier. En effet, la mutation de la chaine α-2 entraîne une déstructuration de la lame basale, à l'origine d'une dystrophie musculaire congénitale (Kirschner, 2013). De même, la liaison de la laminine à l'α-dystroglycane se faisant via une *O*-mannosylation dont le premier résidu est 6-phosphorylé, les défauts de glycosylation de la laminine engendrent la perte de cette liaison et sont responsables de certaines dystrophies répertoriées en tant que dystro-glycanopathies (Godfrey et al., 2011).

Enfin, chez le bovin le collagène présente autant d'intérêt scientifique qu'agronomique. La quantité de fibres de collagène présentes dans la viande est un des critères de qualité. Bien que des métalloprotéases soient capables de dégrader les fibres de collagène, étape essentielle de la maturation de la viande, il reste évident que les éleveurs souhaitent sélectionner les animaux présentant un niveau de collagène idéal ; c'est-à-dire suffisant au bon développement musculaire et assez faible pour permettre une qualité supérieure de la viande (Du et al., 2012).

Au milieu de la matrice extracellulaire se trouve également de nombreux composants libres qui peuvent agir sur la signalisation cellulaire, en se liant à des récepteurs cellulaires, en inhibant ou en interagissant avec certains facteurs de croissance telle que la Myostatine par exemple (Lee, 2010). Ces composants agissant sur la myogenèse depuis l'exterieur de la cellule sont appelé facteurs externes.

Les facteurs externes

De nombreux acteurs moléculaires se trouvent dans l'environnement de la cellule et ont été décrits comme intervenant également dans la myogenèse. Ces facteurs externes sont en interaction permanente avec la MEC, les glycoprotéines et les glycolipides de la surface cellulaire. Ces interactions font partie intégrante de leur régulation. Parmi les facteurs externes, on trouve les TGF dont les Bone Morphogenetic Proteins (BMP), la myostatine (GDF8), et les protéines des voies Wnt (Wingless-related) et Sonic Hedgehog (Shh), les Insulin Growth Factors (IGF) et bien d'autres encore. Les voies Wnt et BMP, comme celle de GDF8 sont probablement pour les facteurs externes, les plus importantes pour la myogenèse.

La myostatine ou GDF8

La découverte chez la souris de ce facteur est relativement récente constituant à la fois la découverte d'un nouvel acteur de la myogenèse et d'un nouveau membre de la superfamille des TGF (McPherron et al., 1997). Ce régulateur négatif de la masse musculaire trouve son plus bel exemple chez le bovin dit « culard », qui possède sur le gène codant la myostatine, une mutation invalidante. Elle engendre une hyper-musculature, particularité phénotypique repérée par les éleveurs d'animaux de rente dès le dix-neuvième siècle (Chelh et al., 2009). Au niveau moléculaire, la myostatine circule dans le sang sous forme inactive complexée (Zimmers et al. 2002; Elkasrawy et Hamrick 2010), certains de ses inhibiteurs, comme la folloïdine la maintiennent sous sa forme de complexe inactif. Sous sa forme active décomplexée (Figure 32), GDF8 agit négativement sur MyoG (McPherron et Lee, 1997) et sur des protéines de la voie Wnt (Wnt7a, 1, 4 et 5a) qui activeraient MyoD (Steelman et al., 2006). L'augmentation de la masse musculaire des souris déficientes pour la myostatine est également reliée à l'augmentation de la production protéique nécessaire à la formation de fibres de taille plus importante. Une étude a mis en évidence l'intervention de la voie de signalisation Akt/mTOR (Sérine-thréonine kinase/mammalian Target Of Rapamycin) dans ce phénomène (Lipina et al., 2010), cette voie de signalisation étant déjà connue pour son rôle dans l'activation d'effecteur de la traduction (Ma et Blenis, 2009). Plus encore, une étude montre que l'absence de myostatine aurait un effet sur la formation du complexe de traduction décrivant pour la première fois la myostatine comme un inhibiteur direct de la production protéique (Rodriguez et al., 2011).

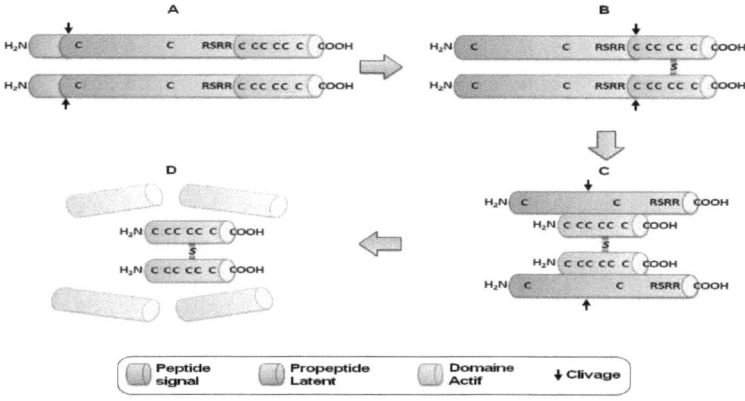

Figure 32. Formation de la myostatine active à partir de son précurseur.
A. Après sa synthèse, un premier clivage permet de séparer le peptide signal du reste de la protéine. Le peptide signal est alors dégradé. B. La myostatine forme ensuite un homodimère relié par un pont disulfure dans la partie C-terminale. Le propeptide est alors séparé du domaine actif par clivage au niveau de la séquence RSRR mais les deux restent liés de manière non-covalente. C-D. Une métalloprotéase de la famille des BMP1/tolloïde effectue alors un clivage à l'intérieur du propeptide, provoquant ainsi sa séparation définitive du domaine actif. Le dimère actif de myostatine libéré peut alors se fixer sur son récepteur.
(D'après Lee, 2004 et Chelh et al., 2009)

La myostatine a également un effet de régulation positive sur le facteur de transcription MEF2C, lui permettant ainsi d'avoir une influence sur le type des fibres qui seront formées. Les souris ko pour la myostatine ($mstn^{-/-}$) possèdent donc plus de fibres de type 2b et moins de type 1 et 2a (Hennebry et al., 2009). La myostatine a été identifiée dans bien d'autres implications comme la formation des os et des graisses (Buehring and Binkley, 2013).

Les Facteurs Bone Morphogenic Proteins (BMP)

Ils agissent à différents niveaux depuis l'initiation du muscle squelettique chez l'embryon jusque dans la maturation et la réparation du muscle. En effet, il ne faut pas oublier que le muscle squelettique adulte est la combinaison de fibres musculaires, de tissu adipeux et de tendons, reliés au tissu osseux. Si cela permet le bon fonctionnement et le maintien du muscle, il nécessite aussi une bonne « communication » entre les différents tissus notamment lors de la régénération où les différents signaux induits par la blessure se croisent pour que chaque tissu soit correctement reconstitué (Ruschke et al., 2012). C'est dans ce concept global qu'il faut imaginer les BMP. Vingt facteurs de type BMP ont été identifiés avec diverses fonctions parfois redondantes. Associés dans un premier temps pour leurs propriétés structurales, ils ont surtout été étudiés pour leur effet commun sur la différenciation des précurseurs ostéogéniques (Miyazono et al., 2005).

Les BMP actifs se fixent sur des récepteurs transmembranaires à sérine/thréonine kinases associés en complexes hétéromériques, formés par un récepteur de type I et un de type II. Les récepteurs de type I rassemblent les récepteurs BMPRIa et Ib, et le récepteur à l'activine Ia (ACTRIa) ; ceux de type II regroupent les récepteurs BMPRII et ACTRIIa et IIb (Nishitoh et al., 1996). Il existe également des corécepteurs tissu spécifique telles que les molécules de guidance répulsive, démontrant bien l'action de ces facteurs sur d'autres voies que la voie ostéogénique (Halbrooks et al., 2007). Le mécanisme de signalisation des BMP a été décrit la première fois pour BMP2. Ce dernier se lie à un complexe préformé de récepteurs et active la voie de signalisation Smad, importante tout au long du développement des membres. Lorsque BMP se fixe sur le récepteur de type I alors le récepteur de type II est recruté pour se complexé avec le type I. Au niveau de ce complexe, le récepteur de type I est trans-phosphorylé, puis phosphorylera à son tour le récepteur des Smads (Figure 33A) induisant ainsi son changement de conformation et sa libération dans le cytoplasme. La signalisation se termine par la formation d'un complexe Smad activé (Figure 33B) qui sera transloqué dans le noyau pour y activer les gènes de la différenciation (Figure 33C) (Ruschke et al., 2012; Sieber et al., 2009). Le complexe formé avec le récepteur de type II est capable d'activer une réponse indépendante des Smad, passant par la voie Erk-MAPK (Extracellular signal-Regulated Kinase/ Mitogen-activated protein kinase) (Figure 33D).

Concernant la myogenèse, il a été démontré que BMP2 en est un inhibiteur. En effet, la voie de signalisation induite par sa fixation sur son récepteur conduit à l'expression de la protéine Id1, inhibiteur de MyoD et donc de la myogenèse (Katagiri et al., 2002). De même, la protéine BMP1, en complexe avec une protéinase, permet le clivage de la forme latente de la myostatine, qui une fois sous sa forme active inhibe la voie de différenciation myogénique (Wolfman et al., 2003).

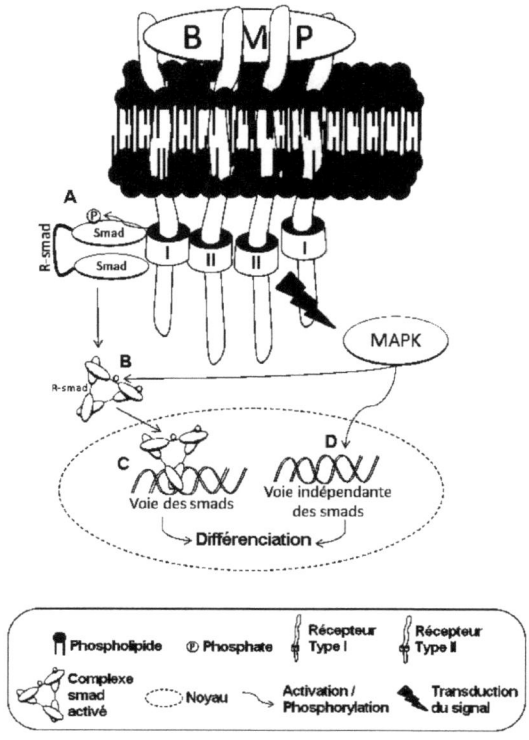

Figure 33. Modèle d'activation de la différenciation par un facteur de la famille des BMP.
La fixation d'un BMP sur son récepteur induit une cascade d'activation/phosphorylation induisant la libération du récepteur des Smads (R-Smad) (A). Une fois libéré dans le cytoplasme, ce dernier vient former un complexe qui sera à son tour activé par phosphorylation (B). Le complexe Smad activé est transloqué dans le noyau où il active les gènes conduisant à la différenciation (C). Le récepteur de type II permet également l'activation d'une seconde voie indépendante des Smads, la voie Erk-MAPK (D).
(D'après Ruschke el al., 2012)

Les Wnt

Portant aussi le nom de « wint family » ils comportent plus d'une vingtaine de membres connus chez les vertébrés, certains ayant plusieurs variants. Cette voie est étroitement liée à la voie Shh et à la voie des BMP (von Maltzahn et al., 2012). Ensemble les voies Wnt et Shh conduisent à l'expression de gènes myogéniques de type bHLH dans les somites (Munsterberg et al., 1995). La relation entre ces facteurs et le muscle a donc été très vite établie. Au fil des années, différentes études les ont associés aussi bien à l'établissement du muscle qu'à sa régénération, ainsi qu'au maintien des cellules satellites au cours du vieillissement (Brack et al., 2008; Scimè et al., 2010). Chez la souris par exemple, les facteurs Wnt1, Wnt3a et Wnt4 sont exprimés dans la région dorsale du tube neural. L'activation de la voie de signalisation Shh en parallèle dans la notochorde provoque la différenciation myogénique des somites (Munsterberg et al., 1995). En 1998, la culture d'explants de mésoderme paraxial de souris permit de mettre en évidence l'induction de l'expression de Myf5 par le facteur Wnt1, alors que celle de MyoD est activée par Wnt6 et Wnt7a (Tajbakhsh et al., 1998). Ce n'est que neuf ans plus tard que le mécanisme par lequel Wnt7a active MyoD fut découvert (Brunelli et al., 2007). Au-delà des MRFs, les facteurs Wnts sont capables d'agir sur les facteurs internes Pax3 et Pax7. En effet, Wnt1, Wnt3a, Wnt4 et Wnt6 peuvent maintenir l'expression de ces deux acteurs myogéniques au sein des cellules précurseurs. Cette régulation nécessite l'intervention de Lef1 (Lymphoid enhancer-binding factor 1) et Pitx2 (Pituitary homeobox 2) comme le montre l'étude conduite par Abu-Elmagd et ses collaborateurs (Abu-Elmagd et al., 2010). Enfin, Wnt1 et Wnt3a peuvent également induire, via la voie β-caténine, l'expression d'un autre facteur Wnt, Wnt11 qui a un rôle déterminant dans l'élongation des premières fibres musculaires embryonnaires (Gros et al., 2009).

Les nombreux facteurs externes ont des rôles tout aussi importants que les facteurs internes qu'ils peuvent influencer. Les facteurs externes ne seraient cependant d'aucune utilité si la cellule n'était pas capable de les détecter et d'interpréter leur présence. Pour cela, ces facteurs se fixent sur des récepteurs qui activeront par la suite des voies de transduction du signal, telles que les voies des Smads, Erk-MAPK, ou encore JAK-STAT (Janus Kinase-Signal Transducer and Activator of Transcription), parmi les plus connues.

Les glycoprotéines membranaires

L'alpha Dystroglycane

L'alpha-dystroglycane forme un complexe hétérodimérique avec le béta-dystroglycane qui crée un lien entre le milieu extracellulaire et intracellulaire. En effet, après avoir été synthétisé en une seule protéine, le dystroglycane sera scindé en deux sous-unités, alpha (αDG) et béta (βDG), qui formeront un complexe transmembranaire ; la sous-unité alpha étant extracellulaire et la béta étant essentiellement membranaires avec une partie extracellulaire et une intracellulaire (Figure 34). La sous-unité béta est reliée à la dystrophine, elle-même reliée au filament d'actine. L'α-DG est présent à la surface de la cellule et assure le rôle d'un récepteur notamment à laminine (Figure 34).

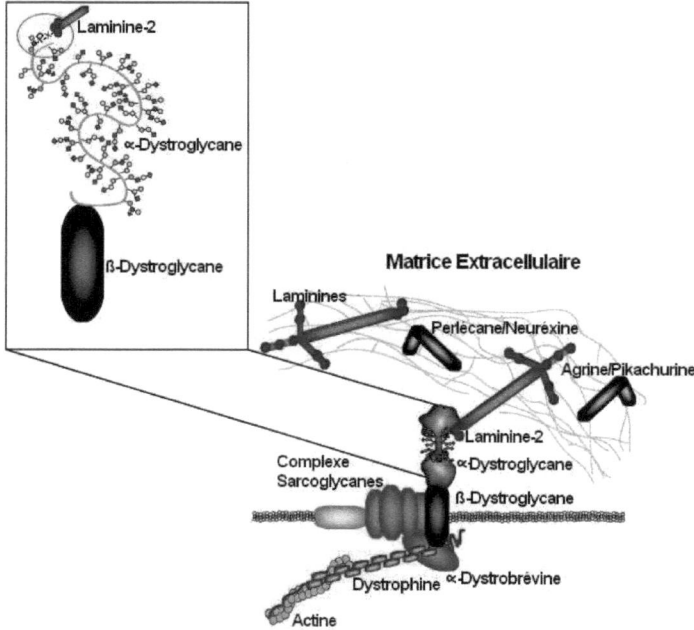

Figure 34. Schéma du dystroglycane et de ses interactions, en particulier avec la laminine-2.
Le dystroglycane se compose de deux sous-unités, alpha et béta étant reliées respectivement à la matrice extracellulaire et au cytosquelette. La sous-unité alpha est très fortement glycosylée comme le montre le zoom, elle possède également un trisaccharide phosphorylé permettant sa liaison à la laminine (entouré en rouge, détaillé Figure 16).
(D'après Stalnaker et al., 2011)

Ces deux sous-unités présentent bien des différences encore, leur taille de 120kDa pour la sous-unité alpha et de seulement 44kDa pour la béta. Cette dernière possède une tyrosine phosphorylée permettant sa liaison à la dystrophine et un seul site potentiel de *N*-Glycosylation. L'α-DG au contraire contient de nombreux sites de N et *O*-glycosylation, occupés essentiellement par des *O*-glycanes de type mucine ou des *O*-mannosyl glycanes. La glycosylation de l'alpha-dystroglycane varie en fonction de l'organe dans lequel il se situe, et elle est responsable des variations de taille observées, 120kDa pour le cerveau et 156kDa pour le muscle (Leschziner et al., 2000).

Parmi les *O*-mannosyl glycanes, se trouve le trisaccharide phosphorylé évoqué précédemment. Cette glycosylation abondante sur l'α-DG a attiré de nombreux chercheurs et quelques découvertes ont permis de rythmer les études menées lors de la dernière décennie : (i) l'*O*-mannosylation de l'α-DG ne dépend pas d'une séquence consensus mais de la présence d'un peptide et d'une *O*-Glucosylation de type mucine (Breloy et al., 2008) ; (ii) POMT1/POMT2 et LARGE pourraient être responsables de l'ajout du mannose phosphorylé (Patnaik et Stanley, 2005) ; (iii) la Fukutine (FKTN) et la Fukutine Related Protein (FKRP) ainsi que certains gènes codant pour des protéines telles que ISPD (Isoprenoid Synthase Domain Containing), GTDC2 (Glycosyltransferase-Like Domain Containing 2) ou encore TMEM5 (Transmembrane Protein 5) seraient également impliqués, bien que les protéines qu'ils codent n'aient pas d'activité glycosyltransférase avérée à ce jour. Par exemple, ISPD est connue pour son rôle dans la synthèse d'intermédiaire pour la prénylation (Björkelid et al., 2011). Des mutations dans ces gènes sont retrouvées chez des patients atteints de dystrophie musculaire congénitale dont la forme la plus sévère est le syndrome de Walker-Warburg (Kirschner, 2013). C'est l'équipe de Tobias Willer qui a mis en avant que des mutations perte de fonction dans le gène *Ispd* perturbaient la *O*-mannosylation du dystroglycane et induiraient le syndrome de Walker-Warburg (Willer et al., 2012). Les mutations présentes sur le gène *Tmem5* expliqueraient également la perte de liaison du dystroglycane à la laminine. Etant donné que *Tmem5* contient un domaine glycosyltransférase, les auteurs ont supposé que la protéine produite serait impliquée dans la glycosylation du dystroglycane (Manzini et al., 2012). De même pour le gène *Gtdc2*, dont le produit présente un domaine similaire à celui d'une glycosyltransférase, dont l'activité n'est pas caractérisée à ce jour. Il est lui aussi responsable, lorsqu'il porte des mutations, du syndrome de Walker-Warburg (Kirschner, 2013). Des études *in vivo* ont été menées sur un gène orthologue de *Gtdc2* avec comme modèle animal le poisson zèbre. Les chercheurs ont effectué un

Knockdown du gène chez l'animal et ont montré que la diminution de GTDC2 est bien corrélée à l'apparition du syndrome de Walker-Warburg (Manzini et al., 2012).
Le dystroglycane est l'un des exemples les plus frappants quant à l'importance des glycoprotéines membranaires dans la bonne structuration du muscle. Un autre complexe hétérodimérique largement étudié est celui formé par les intégrines, une grande famille de glycoprotéines.

Les intégrines

Les intégrines sont scindées en deux types : les sous-unités alpha et les sous-unités béta codées par des gènes différents. Les intégrines sont généralement actives sous forme de dimère composé d'une sous-unité α couplée à une sous-unité β. Les intégrines se lient à la MEC *via* la fibronectine, la vitronectine ou encore la laminine pour ne citer qu'elles, et reconnaissent sur ces protéines matricielles une séquence peptidique « Arginine-Glycine-Aspartate » appelée séquence RGD. Généralement transmembranaires, les intégrines se lient, du côté intracellulaire, à la Taline et à l'alpha-Actine, elles-mêmes connectées aux microfilaments d'actine. Cela permet une communication et une transduction de signal entre l'extérieur de la cellule et l'intérieur (Figure 35 ; Wickström et Fässler, 2011).
Il existe 18 sous-unités alpha et 8 sous-unités béta, la sous-unité Béta1 pouvant à elle seule s'associer à 12 sous-unités alpha différentes (Figure 36). Chaque couple ayant également des affinités et des fonctions définies (Tableau 2). Les interactions des complexes intégrine avec la MEC engendrent des réponses intracellulaires en activant des voies de signalisation. Cependant, sachant qu'aucun domaine catalytique n'a été identifié sur la partie intracellulaire des intégrines, leur implication dans ces phénomènes passe forcément par le recrutement et l'interaction avec un certain nombre d'autres molécules. En 2007, Zaidel-Bar et ses collaborateurs collectent toutes les données présentes dans la littérature pour proposer une liste de 156 molécules constituant « l'adhésome » des intégrines (Zaidel-Bar et al., 2007) dont voici quelques exemples.

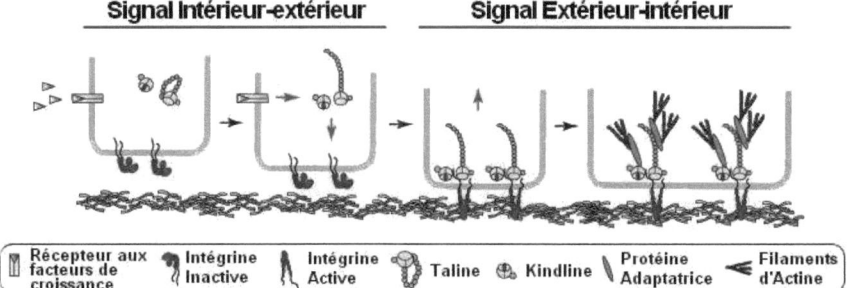

Figure 35. Exemple de signalisation « intérieur-extérieur » et « extérieur-intérieur » passant par les intégrines.
Lorsqu'un facteur de croissance se fixe à son récepteur, la Taline et la Kindline sont alors activées et vont former un complexe avec les intégrines présentes à la surface de la membrane. Cela aura pour effet d'activer l'intégrine qui se lie alors à certains composants de la matrice extracellulaire. Cette fixation permet l'émission d'un nouveau signal permettant le recrutement de protéines adaptatrices pour la liaison aux filaments d'actine. L'ensemble permet de relier la matrice extracellulaire au cytosquelette, permettant ainsi une communication entre l'environnement et l'intérieur de la cellule.
(D'après Wickström and Fässler, 2011)

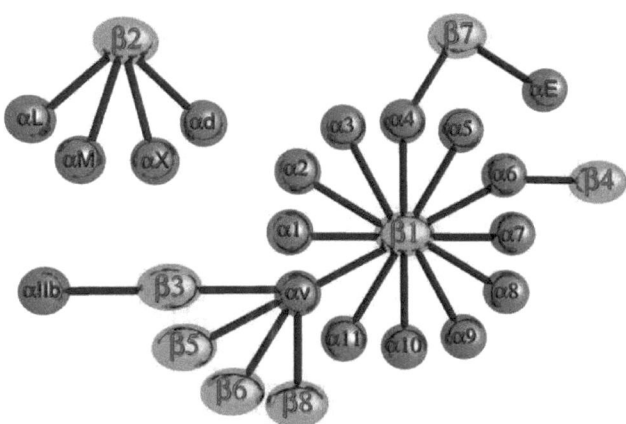

Figure 36. Les différents complexes intégrines pouvant se former.
Les sphères argentées représentent les sous-unités alpha et les sphères dorées les sous-unités béta.

Tableau 2. Complexes formés par les différentes sous-unités intégrines et leurs ligands potentiels.
(D'après Takada et al., 2007)

Possibilités de complexe	Gène codant la sous-unité béta	Gène codant la sous-unité alpha	Exemple de ligands possibles
α1/β1	ITGB1	ITGA1	Laminine, collagène
α2/β1		ITGA2	Laminine, collagène, thrombospondine, E-cadhérine
α3/β1		ITGA3	Laminine, thrombospondine, uPAR
α4/β1		ITGA4	Thrombospndine, VCAM-1, fibronectine, ADAM
α5/β1		ITGA5	Fibronectine, fibrilline, thrombospondine, ADAM
α6/β1		ITGA6	Laminine, thrombospondine, ADAM
α7/β1		ITGA7	Laminine
α8/β1		ITGA8	Tenascine, fibronectine, vitronectine, LAP-TGFBéta
α9/β1		ITGA9	Tenascine, VCAM-1, uPAR, plasmine, ADAM
α10/β1		ITGA10	Laminine, collagène
α11/β1		ITGA11	Collagène
αV/β1		ITGAV	LAP-TGFBéta, fibronectine
αD/β2	ITGB2	ITGAD	ICAM, VCAM-1, fibrinogène, fibronectine, vitronectine
αM/β2		ITGAM	ICAM, factor X, fibrinogène, ICAM-4, héparine
αL/β2		ITGAL	ICAM, ICAM-4
αX/β2		ITGAX	ICAM, fibrinogène, ICAM-4, héparine, collagène
αV/β3	ITGB3	ITGAV	Fibrinogène, vitronectine, thrombospondine, fibrilline, MMP
αIIb/β3		ITGA2B	Fibrinogène, thrombospondine, fibronectine, vitronectine, ICAM-4
α6/β4	ITGB4	ITGA6	Laminine
αV/β5	ITGB5	ITGAV	Ostéopondine, BSP, vitronectine, LAP-TGFBéta
αV/β6	ITGB6	ITGAV	LAP-TGFBéta, fibronectine, ostéospondine, ADAM
α4/β7	ITGB7	ITGAE4	Mad-CAM-1, VCAM-1, fibronectine, ostéospondine
αE/β7		ITGAE	E-cadhérine
αV/β8	ITGB8	ITGAV	LAP-TGFBéta

En 1992, Rosen et son équipe décrivent le rôle du complexe VLA-4, composé des intégrines alpha4/béta1, et de son ligand cellulaire VCAM1 (Vascular cell adhesion protein 1) dans la myogenèse (Rosen et al., 1992). Par des expériences d'immuno-détection, ils montreront que VLA-4 et VCAM1 ne sont présents qu'à différents stades du développement. Leur présence simultanée n'est visible qu'au moment de la formation des myotubes secondaires pour participer à l'établissement du muscle squelettique. La même année Steffensen et ses collaborateurs révèlent les changements d'expression de l'intégrine alpha 5 au cours de la myogenèse. Ces nouveaux résultats viennent appuyer l'implication du complexe alpha5/béta1 dans la myogenèse via une liaison à la Fibronectine (Steffensen et al., 1992). Trois ans plus tard, une étude, publiée sur la migration des cellules musculaires lisses et des cellules cancéreuses, montre d'une part l'induction de la migration par IGFBP 1 (IGF binding protein 1) via le complexe intégrine alpha5/béta1 et d'autre part que l'induction également possible par IGF 1, est inhibée par l'ajout de IGFBP1. Allant plus loin dans leurs investigations ils réussirent à mettre en relation l'induction de la migration via IGF 1 avec le complexe alphaV/béta3 et la nécessité de la présence de vitronectine (Jones et al., 1995). Sans savoir encore comment les interactions se faisaient, ces recherches venaient de démontrer la formation d'un complexe contenant un facteur de croissance, un complexe intégrine et un composant de la MEC.

En 1997, c'est le complexe intégrine alphaV/béta1 qui est mis en avant par l'étude de Martin et Sanes. Ils démontrent par diverses expériences de perte/gain de fonction que ce complexe se lie à l'agrine et influe sur la transduction du signal. L'agrine, composant de la lame basale, intervient dans la jonction neuromusculaire et l'innervation au cours du développement du muscle squelettique (Martin et Sanes, 1997). Il existe donc un lien entre les intégrines, les composants extracellulaires auxquels elles se lient et une signalisation intracellulaire. A la fin des années 90s, un système de signalisation permettant l'intégration de signaux externes via les intégrines est publié. Ce système passe par l'intégrine alpha5 qui, une fois liée à la fibronectine, induira la phosphorylation de la protéine FAK (Focal Adhesion Kinase). Cette étude de Disatnik et Rando, montre que la voie de signalisation passe par la protéine kinase C, et qu'il existe même un retro contrôle *via* l'intégrine alpha 4, capable elle aussi de lier la fibronectine (Disatnik and Rando, 1999).

En 2002, paraissent deux publications importantes pour l'étude des intégrines. La première, montre l'intervention d'une métalloprotéase, sur un complexe intégrine/facteur de croissance pour le maintien de l'homéostasie dans des cellules épithéliales. En effet, le facteur TGF-Béta1 qui régule la croissance cellulaire et la production de certains composants de la MEC dans ces cellules, est d'abord produit sous la forme d'un complexe latent TGF-β/LAP (Latente Associate Peptide). Le complexe intégrine alphaV/béta8 est capable de lier le complexe latent par un domaine RGD porté par le LAP. C'est alors qu'intervient la métalloprotéase MMP9 qui clive le LAP et libère le facteur de croissance, permettant l'activation de la croissance cellulaire (Mu et al., 2002). Le second article offre une localisation spatio-temporelle des intégrines alpha1, 4, 5 et 6 durant le développement du bourgeon du muscle chez la souris. Ceci démontre que l'expressions de *Pax3* est reliée à celles des complexes intégrines alpha1/béta1 et alpha5/béta1, et que l'apparition du complexe alpha4/béta1 vient après l'expression de *Myf5* (Bajanca et Thorsteinsdóttir, 2002). La même équipe mènera trois ans plus tard une étude similaire sur d'autres intégrines montrant alors un changement dans leur expression lié cette fois aux remodelages de la matrice extracellulaire (Cachaço et al., 2005).

En 2008, l'importance de l'association entre le complexe intégrine, récepteur de composants de la MEC, le cytosquelette et les protéines intracellulaires servant d'adaptateur ou de relai de signalisation est mise en avant. Les structures des différentes sous-unités sont décrites et un consensus est établi pour les sous-unités alpha et béta humaines (Figure 37 ; Takada et al., 2007).

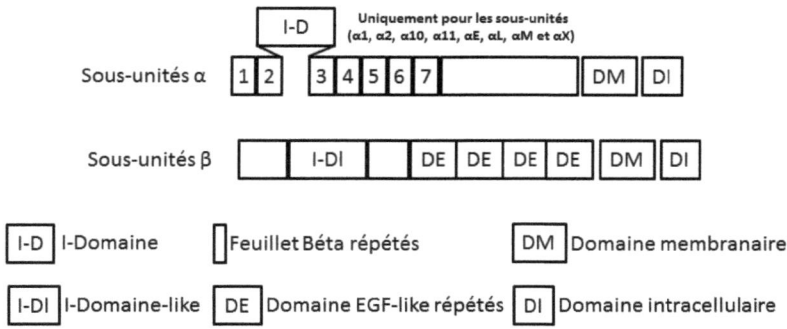

Figure 37. Consensus sur la structure de base des sous-unités alpha et béta humaines.
Les sous-unités alpha possèdent un enchaînement de 7 feuillets béta répétés. Dans huit sous-unités alpha, on retrouve un I-Domaine (Inserted ou Interaction-Domaine) intercalé entre les feuillets 2 et 3. Chez toutes les sous-unités béta, un I-Domaine-like est présent ainsi que 4 domaines répétés EGF-like. Les Domaines I et I-like ont tous deux une conformation de type Rossmann et interviennent dans la liaison du ligand aux intégrines.

En 2010, le rôle de la glycosylation des intégrines, particulièrement de la *N*-glycosylation, dans ce phénomène de migration cellulaire, sera démontré (Janik et al., 2010). Plus récemment encore, une collaboration entre trois équipes asiatiques met en avant l'importance des *N*-glycanes dans l'adhésion cellulaire (Gu et al., 2012). Les protéines d'adhésion, les récepteurs membranaires, les protéines transmembranaires et celles composant la matrice extracellulaire s'associent entre elles de manière spécifique. Elles sont pour la plupart glycosylées, comme la E-Cadhérine, les intégrines ou encore les protéoglycanes. En prenant pour exemple la Laminine et le complexe Intégrine α5/β1, les chercheurs ont démontré par mutagénèse dirigée qu'un site de *N*-glycosylation de la sous-unité alpha a un rôle dans l'activité du complexe ; alors que le *N*-glycane greffé sur le I-domaine de la sous-unité béta est lui impliqué dans la formation du complexe α/β. Concernant la Laminine, son étude s'est centrée sur le domaine Lm332 impliqué dans la jonction avec la complexe intégrine α6/β4. Ce domaine possède un *N*-Glycane complexe bi-antenné possédant deux GlcNAc terminaux, reconnus par la Galectine 3. Le moindre ajout sur ce glycane entraîne la perte de reconnaissance ainsi que la diminution de l'adhésion et de la migration cellulaire (Gu et al., 2012). Dans la même étude, il apparait que la délétion des motifs glycaniques portés par la sous-unité β4, provoque une fixation exacerbée du complexe intégrine à l'EGFR, par contre aucune activation de signal intracellulaire n'est détectée. Il semble donc que les *N*-glycanes ont autant d'importance qu'ils soient portés par la Laminine ou l'intégrine.

Toutes ces études ont permis de relier les intégrines à de nombreux système de signalisation, de l'extérieur vers l'intérieur de la cellule, et également de l'intérieur vers l'extérieur. Médiateurs de l'artériogenèse (Cai et al., 2009), ou encore du trafic membranaire (Wickström et Fässler, 2011), les intégrines ont autant de rôles et d'importances que de complexes qu'elles peuvent former et de composants qu'elles peuvent lier. Dans la différenciation myoblastique, les intégrines sont retrouvées parmi les protéines d'adhésion les plus exprimées (Przeworniak et al., 2013).

La compréhension de tous ces phénomènes et une meilleure appréhension de l'influence de l'environnement sur la cellule ont permis de contrôler progressivement la différenciation. Testant les propriétés des cellules musculaires et leurs réponses aux différents stimuli, les études se sont rapidement portées sur la pluripotence des cellules satellites. Ainsi la trans-différenciation de ces cellules souches adultes a été mise à jour.

La trans-différenciation des cellules satellites

Bien que la cellule satellite n'y soit pas directement destinée, elle est capable de réagir à des stimuli conduisant à la différenciation adipogénique et ostéogénique (Asakura et al., 2001). Ce phénomène est assez proche de ce qui peut être observé naturellement pour les cellules souches mésenchymateuses et mésodermales, à l'origine des tissus osseux, adipeux et musculaire lors du développement embryonnaire. En effet, selon les facteurs environnementaux en présence et les voies de signalisation qui vont être activées, ces cellules emprunteront des voies de différenciation opposées. Les voies ostéogénique et adipogénique nécessitent l'activation de la voie Smad1, 4 modulée par la concentration en BMP environnante. L'activation des voies Wnt et Hedgehog permet également de réprimer la différenciation adipocytaire au profit de la voie ostéoblastique (Figure 38 ; Gesta et al., 2007).

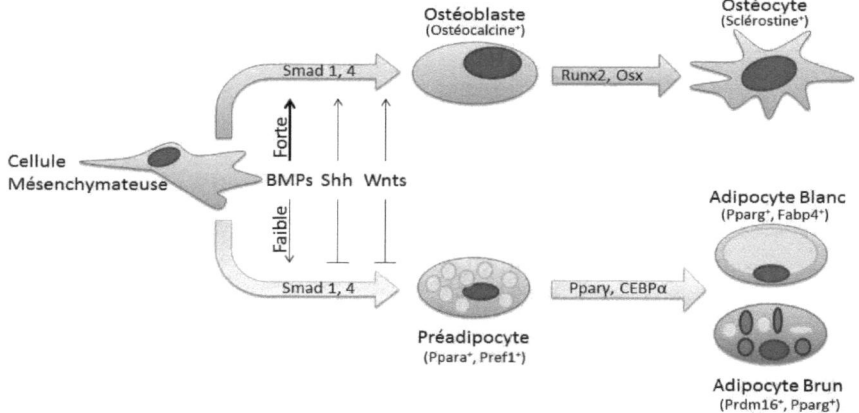

Figure 38. Différenciation d'une cellule mésenchymateuse en adipocyte et ostéocyte.
Les cellules souches mésenchymateuses s'engagent dans des voies différentes sous l'influence de nombreux facteurs. Parmi eux, les BMPs et leurs médiateurs intracellulaires que sont les Smads, les facteurs de la voie Sonic-Hedgehog ainsi que les facteurs Wnt3a et Wnt10b. La différenciation terminale en ostéocyte nécessite la surexpression du facteur de transcription Runx2 qui induira la production d'un autre facteur de transcription, Ostérix (Osx). La différenciation adipocytaire requiert elle la présence du recepteur Pparγ et du facteur de transcription CCAAT/enhancer-binding protein alpha (CEBPα). La cellule en différenciation passe par différents stades évolutifs, identifiables par l'expression de certains marqueurs tels que, par exemple, l'ostéocalcine et la sclérostine pour la voie ostéogénique ou Pref1 et la Fatty acid binding protein 4 (Fabp4) pour la voie adipogénique.
(Schéma reconstitué d'après Gesta et al., 2007)

Les cellules en différenciation passeront par un stade transitoire, elles sont appelées ostéoblastes dans un cas et pré-adipocytes dans l'autre. A ce stade, les cellules expriment des marqueurs spécifiques qui peuvent être utilisés pour reconnaitre leur niveau de différenciation. C'est le cas notamment du facteur DLK1 aussi connu sous le nom de PREF1 pour Preadipocyte factor 1 compte tenu de sa spécificité d'expression au stade pré-adipocytaire (Gregoire et al., 1998). La différenciation terminale adipocytaire nécessite par la suite l'expression du récepteur nucléaire Ppar-gamma et de la protéine CEBP-alpha (Farmer, 2006). Tandis que la différenciation ostéogénique est engendrée par la surexpression de Runx2 qui induit à son tour la surexpression d'un autre facteur de transcription appelé Ostérix (Osx). Ce dernier est spécifiquement exprimé dans les ostéoblastes et est essentiel à la formation des os (Nakashima et al., 2002).

De nombreuses équipes ont étudié le phénomène de trans-différenciation et son induction. Katagiri et son équipe ont montré que le facteur BMP2 pouvait induire la différenciation ostéogénique de cellules mésenchymateuses de souris (Katagiri et al., 1990). Il s'en suit une question posée par Katagiri, ce facteur peut-il diriger dans la voie ostéogénique des cellules destinées à une autre voie? En 1994, il y répond positivement en démontrant, pour la première fois, que le facteur BMP2 peut engager la différenciation de la lignée cellulaire C2C12 dans la voie ostéogénique, alors que celles-ci sont habituellement destinées à la différenciation myogénique (Katagiri et al., 1994; Erratum en 1995 pour faute d'impression). Ceci se traduisant par l'expression de la phosphatase alcaline, sous sa forme active (Figure 39).

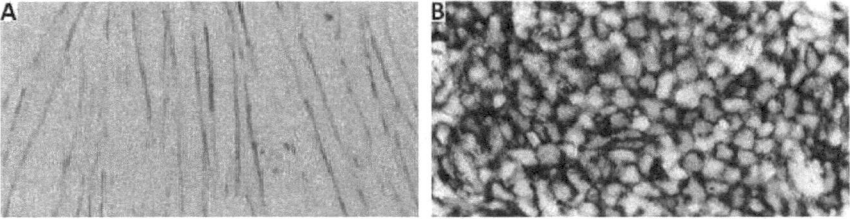

Figure 39. Cellules C2C12 en différenciation myoblastique ou en trans-différenciation ostéogénique.
Les cellules C2C12 ont été amplifiées et mise en condition de différenciation, soit myogénique (A) soit ostéogénique (B). La phosphatase alkaline utilise le naphtole-phosphate comme substrat et la présence de « fast blue BB salt » traduit la présence de l'enzyme dans les cellules en différenciation ostéblastique.
(D'après Katagiri et al., 1994)

Katagiri décide de poursuivre ses recherches sur cette trans-différenciation et avec son équipe il découvrira trois ans plus tard que BMP2 inhibe l'action du facteur

MyoD, activateur de la myogenèse. De cette manière le facteur BMP2 empêche la cellule d'entrer en différenciation myogénique, avant de l'orienter vers l'ostéogenèse (Katagiri et al., 1997). Ces études font encore référence à l'heure actuelle, et sont à l'origine de nombreuses autres. En 2002, une analyse de 342 gènes par microarray met à jour plusieurs marqueurs de cette trans-différenciation *in vitro*. Les chercheurs montrent sans trop de surprise que l'ostéocalcine est très largement exprimée au côté de la phosphatase alcaline durant ce processus. Plus inattendu, la FABP4 (Fatty Acid Binding Protein 4) voit son expression augmenter de plus de 500 fois alors qu'elle est connue pour être un marqueur terminal de la différenciation adipogénique (Vaes et al., 2002). De même, le facteur wif1 (wnt inhibitory factor 1) est retrouvé largement surexprimé. Il inhibe des facteurs Wnt, nécessaire à la différenciation myogénique et au développement musculaire (Anakwe et al., 2003; Polesskaya et al., 2003).

La voie adipogénique a elle aussi été très largement étudiée, plus encore que l'ostéogenèse, car il s'agit d'une trans-différenciation favorisée naturellement avec l'âge. En effet, des travaux réalisés par Peterson et coll. montrent une accumulation d'acides gras et l'expression de marqueurs adipocytaires dans des myoblastes en culture extraits de souris âgées de 23 mois, alors que rien de tout cela n'apparait lorsque les myoblastes sont extraits de souris âgées de 8 mois (Taylor-Jones et al., 2002). Cela ne semble pas étonnant sachant que le tissus adipeux brun et le muscle squelettique ont à l'origine le même précurseur et que le facteur de transcription PRDM16 (PR domain zinc finger protein 16) contrôle la différenciation, des cellules précurseurs vers l'un ou l'autre (Seale et al., 2008; Billon et Dani, 2009). Plusieurs stimuli externes peuvent induire la trans-différenciation des cellules satellites, elle se traduit généralement par l'accumulation de vésicules, visualisables après coloration à l'huile rouge (Figure 40).

Les acides gras ont été parmi les premiers composés utilisés pour induire la trans-différenciation, avec le Thiazolidinedione un agent antidiabétique agissant sur le facteur PPARgamma (Teboul et al., 1995; Grimaldi et al., 1997).

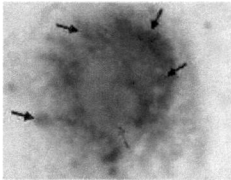

Figure 40. Photo d'une cellule satellite en trans-différenciation adipogénique.
Les cellules satellites ont été amplifiées puis induites en différenciation adipogénique pendant 168h. Elles ont ensuite été colorées à l'huile rouge, colorant spécifique des lipides, qui va alors permettre la visualisation des vésicules de réserve. Ces vésicules s'accumulent dans les cellules satellites, signe de leur engagement sur la voie de trans-différenciation adipogénique. Les flèches noires pointent les réserves lipidiques et la flèche rouge le noyau.

Un autre composé de la famille des thiazolidinediones, la ciglitizone qui est un composé anti-hyper-glycémique liant également le PPARgamma, sera expérimenté avec succès sur les cellules satellites porcines (Singh et al., 2007). Ces agents favorisant la sensibilité des cellules à l'insuline permettent la formation de réserve et ainsi la diminution de la glycémie. Au début de l'année 2008 paraitra l'étude démontrant la possibilité de trans-différencier des cellules satellites de rats en cellules adipeuses par ajout d'une forte concentration en glucose dans les cultures (Aguiari et al., 2008). Le processus engagé impliquerait une signalisation via les espèces réactives de l'oxygène ou ROS ainsi que l'intervention de la protéine kinase C béta. Cette voie n'avait encore jamais été envisagée bien que concordante avec un certain nombre d'études menées auparavant sur le diabète et l'hyper-glycémie (Brownlee, 2001; Avignon et Sultan, 2006). Les cellules satellites trans-différenciées par Aguiari ont pu être implantées *in vivo*, la trans-différenciation était alors totale et les cellules présentaient, au bout de quelques semaines, tous les traits d'adipocytes matures (Aguiari et al., 2008).

D'autres composés, tels que la roziglithazone, la dexamétazone et l'IBMX (3-isobutyl-1-methylxanthine), sont venus allonger la liste des composés et des méthodes de trans-différenciation (Rice et al., 1992; Kast-Woelbern et al., 2004). Pour autant, les cellules satellites en culture ne semblent pas pouvoir atteindre le stade ultime de différenciation adipocytaire. Malgré leur induction dans cette voie et la forte accumulation lipidique qui a pu être observée dans toutes ces études, les cellules n'exprimeront jamais certains marqueurs adipocytaires tel que FABP4, retrouvé uniquement au stade terminal de la différentiation adipocytaire (Starkey et al., 2011). La trans-différenciation des cellules satellites est, quoi qu'il en soit, un outil de choix pour l'étude des différentes voies de différenciation. Très largement utilisée, la trans-différenciation permet d'étudier le comportement d'une même cellule, engagée dans différents processus de différenciation, et également de comparer les voies de différenciation entre elles. Nous pourrons alors découvrir les mécanismes communs aux voies de différenciation et ceux propres à chacune d'elles, comprendre comment ceux-ci sont régulés et peut-être déterminer leur responsabilité dans certaines pathologies musculaires. Rappelons qu'il reste encore aujourd'hui plus d'une centaine de myopathies orphelines (Rapport Orphanet Décembre 2012).

Les myopathies

Il existe deux grands groupes de myopathies, celles étant d'origine génétique et celles étant acquises. Le premier groupe comprend les dystrophies musculaires, les myopathies congénitales et les myopathies métaboliques ; le second groupe contient les myopathies toxiques et médicamenteuses, inflammatoires ou endocriniennes. Nous ne nous intéresserons qu'au premier groupe, les recherches effectuées dans ce manuscrit ayant trait à la détermination de gènes impliqués dans la myogenèse. Les dystrophies musculaires sont issues d'une altération des fibres musculaires conduisant à leur destruction progressive alors que les myopathies congénitales sont dues à une anomalie du développement et de la maturation des fibres au stade fœtal. Enfin, les myopathies métaboliques sont liées à un dysfonctionnement d'une voie métabolique (dégradation des glycanes (glycogénoses), synthèse et dégradation des lipides (lipidoses)) ou de la chaine respiratoire (maladies mitochondriales).

La myopathie héréditaire la plus fréquente chez l'adulte est la dystrophie de Steinert qui touche environ 5 personnes sur 100 000. Cette dystrophie est également associée à une myotonie (perte de la force musculaire) et à des anomalies multi-systémiques. La transmission de cette maladie est autosomique dominante, puisque l'on sait aujourd'hui que la mutation causale se trouve sur un gène porté par le chromosome 19. Il existe même une forme congénitale de cette myopathie responsable de troubles plus sévères. Le gène muté est celui codant la myotonine kinase (*DMPK*) identifié en 1992, par deux équipes chacune d'elles identifiant des mutations différentes. La première équipe a retrouvé une séquence de trois nucléotides répétés plus de 50 fois au niveau de la région 3', allant jusqu'à 2000 fois dans les formes les plus sévères, alors qu'elle ne l'est qu'entre 5 et 27 fois chez un individu sain (Brook et al., 1992). Cette répétition crée un ARNm très difficile à traduire et une protéine beaucoup plus instable que la forme « normale », se traduisant par une réduction de la quantité de DMPK fonctionnelle chez les patients atteints par cette myopathie. La seconde a découvert l'existence de plusieurs isoformes de la DMPK (Jansen et al., 1992). Depuis ce jour, 12 isoformes ont été découvertes pour la DMPK dont les fonctions s'étendent du maintien de l'enveloppe nucléaire à la phosphorylation. Toutes ces fonctions étant reliées de très près à la survie, à la prolifération ou à la différenciation de la cellule musculaire.

Les dystrophies musculaires de Duchenne et de Becker sont également des myopathies héréditaires, toutes deux liées à des mutations au niveau du gène codant pour la dystrophine. Les mutations observées peuvent être des insertions, des délétions ou même des mutations ponctuelles dont les dernières identifiées datent de 2 ans (Magri et al., 2011) (Figure 41). La différence entre ces deux pathologies se fait au niveau de la conservation ou non du cadre de lecture. Dans les dystrophies musculaire de Duchenne (DMD), le cadre de lecture n'est pas conservé, l'arrêt prématuré de la traduction donne naissance à une protéine de très faible taille et très instable qui sera presque immédiatement dégradée (Koenig et al., 1987; Blonden et al., 1989). En revanche, la dystrophie de Becker est plus largement attribuée à des délétions de séquences répétées n'entrainant pas de changement de cadre de lecture (Cross et al., 1987), cependant des mutations ponctuelles ont été identifiées (Magri et al., 2011). La transmission de ces dystrophies est appelée récessive liée à l'X, puisque le gêne de la dystrophine se trouve sur le chromosome X et dans la partie n'étant pas retrouvée sur le chromosome Y (locus 21.2). Chez la femme, un gène « sauvage » suffit à la production de dystrophine fonctionnelle permettant le maintien des muscles. Chez l'homme, l'absence de compensation induit que tout individu porteur d'un chromosome X muté pour la dystrophine sera atteint.

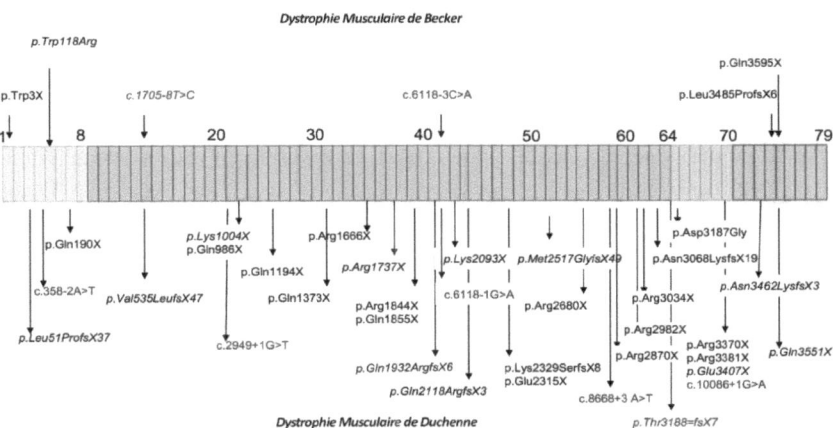

Figure 41. Mutations identifiés au niveau du gène DMD humain.

Chaque rectangle correspond à un exon, les quatre couleurs indiquent des parties de la protéine : le domaine de liaison à l'actine (jaune), le domaine rod codant une répétition de 24 séquences de 100 à 110 résidus formant une succession d'hélice alpha dont certaines en position centrale peuvent également lier le filament d'actine (bleu), le domaine riche en cystéines (vert), domaine C-terminal (rouge). Les mutations sont identifiées par des flèches, les mutations se situant au niveau d'introns, dont les effets sont précisés, sont indiquées en bleu. Les mutations trouvées chez des patients atteints de dystrophie musculaire de Becker sont inscrites au-dessus et celles identifiées chez des patients atteints de dystrophie musculaire de Duchenne en-dessous.

(D'après Magri et al., 2011)

Concernant la dystrophie de Duchenne, l'absence de dystrophine fonctionnelle assurant le lien entre le cytosquelette et la matrice extracellulaire au niveau des fibres musculaires engendre dès 3 à 5 ans un déficit musculaire au niveau des membres inférieurs qui progresse en remontant le long du corps au cours des années. Chez ces patients, il a été observé une augmentation de la créatine kinase dès les premiers jours de vie de l'enfant. Probable tentative de compensation de la part de l'organisme qui, possédant moins de fibres musculaires fonctionnelles, apporte alors plus d'énergie à celles présentes. Les patients atteints par la dystrophie musculaire de Becker présenteront des symptômes moindres et conserveront assez de force dans les membres inférieurs pour pouvoir marcher au moins jusqu'à 20 ans et même parfois beaucoup plus.

Parmi les dystrophies musculaires congénitales on retrouve essentiellement les dystrophies liées à une glycosylation aberrante de l'alpha-dystroglycane dont le syndrome de Walker-Warburg, la maladie du Muscle-Œil-Cerveau ou encore la dystrophie musculaire congénitale de Fukuyama en sont les formes les plus sévères. La perte de la glycosylation et en particulier la perte du motif glycanique permettant la liaison de l'alpha-dystroglycane à la laminine engendre une importante faiblesse musculaire. Selon le gène touché, les symptômes seront plus ou moins sévères et les yeux et le cerveau pourront également être plus ou moins touchés. Les symptômes peuvent également varier entre deux patients possédant une mutation différente portée par le même gène. Le cas du gène codant la fukutine en est un bon exemple. En effet en 1998, une étude montre une insertion de 3000 bases dans la région 3' non-codante du gène. Elle se traduit par une dystrophie musculaire congénitale de Fukuyama (Kobayashi et al., 1998). Une forme moins sévère sera par la suite découverte, puis en 2009 à la suite de la découverte de quatre nouvelles mutations ponctuelles sur le gènes de la fukutine une synthèse sera faite sur toutes les mutations connues et les symptômes associés (Figure 42 ; Vuillaumier-Barrot et al., 2009). Depuis d'autres mutations ponctuelles ont encore été découvertes, la dernière ayant été publiée au mois de juillet dernier, celle-ci est responsable d'une dystrophie parmi les moins sévères. En effet, la patiente chez qui cette mutation a été découverte ne présentait aucun symptôme avant ses 14 ans (Riisager et al., 2013). Une classification de toutes les dystrophies liées à la glycosylation de l'alpha-dystroglycane a été établie sur le critère de sévérité des symptômes. Elle rassemble toutes ces dystrophies sous le nom de Muscular Dystrophie-DystroGlycanopathie (MDDG) et les classe de la façon suivante : MDDGA, la classe A, contenant les formes les plus sévères ; MDDGB contient les formes intermédiaires, les patients ne subissant pas toujours d'altération des fonctions cognitives ; MDDGC regroupant les dystrophies les moins sévères (Tableau 3 ; Rahimov et Kunkel, 2013).

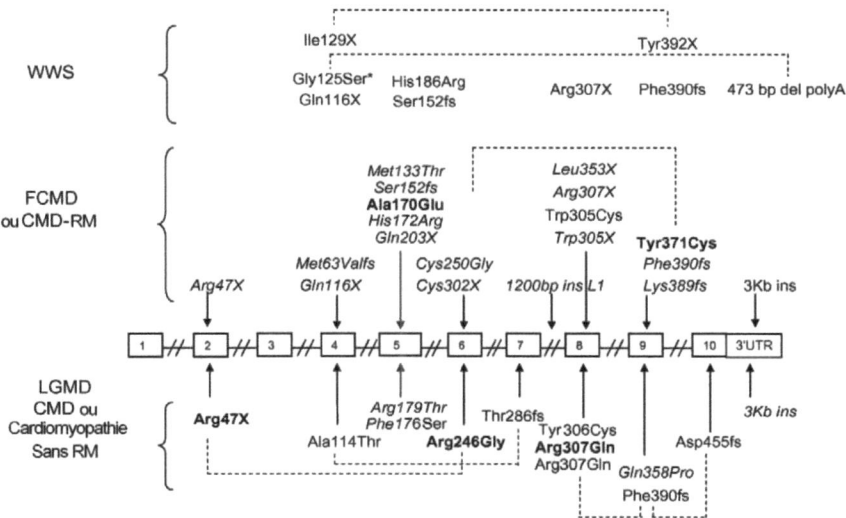

Figure 42. Identification des différentes mutations du gène codant la fukutine responsables de dystrophies
Mutations du gène *FKTN* donnant lieu à une modification de la protéine et causant une pathologie. Les modifications induisant les phénotypes les plus sévères sont en gras. Pour les mutations correspondant à des insertions le nombre de paires de bases est indiqué et suivi de « ins ». * Gly125Ser peut être soit une mutation ou un simple polymorphisme comme l'indique une séquence alternative décrite pour la fukutine et portant l'identifiant « rs34006675 ». Les pathologies associées aux mutations sont : CMD pour Dystrophies Musculaires Congénitales, FCMD pour la CMD de Fukuyama, LGDM pour Dystrophies Musculaire « Limb-Girdle » (littéralement « de la ceinture des membres ») et WWS pour Syndrome de Walker-Warburg, accompagné (-RM) ou non (sans RM) d'un Retard Mental.
(D'après Vuillaumier-Barrot et al., 2009, Puckett et al., 2009 et Riisager et al., 2013)

Nous pouvons remarquer dans le tableau 3 que les dernières découvertes, datant de 2013, portent sur des gènes codant pour deux glycosyltransférases (B3GNT1 pour beta-1,3-N-acétylglucosaminyltransférase et B3GALNT2 pour Beta-1,3-N-acétylgalactos-aminyltransférase 2). A nouveau, il apparait donc évident que la question de la glycosylation et de sa régulation au cours du développement du muscle squelettique est toute à fait actuelle.

Tableau 3. Nomenclature des dystrophies et les gènes qui y sont associés.

(Issu de Rahimov et Kunkel, 2013)

Maladie	Héritage	Gène	Protéine	Référence
OMD, dystrophie musculaire de Becker	XR	DMD	Dystrophine	Monaco et al., 1986 ; Burghes et al., 1987
Dystrophie musculaire de Emery-Dreifuss	XR	EMD	Emerine	Bione et al., 1994
	XR	FHL1	Four and a Half LIM domains 1	Gueneau et al., 2009
	AD/AR	LMNA	Laminine A/C	Bonne et al., 1999
LGMD1A	AD	MYOT	Myotiline	Hauser et al., 2000
LGMD1B	AD	LMNA	Laminine A/C	Muchir et al., 2000
LGMD1C	AD	CAV3	Cavéoline-3	Minetti et al., 1998
LGMD1D	AD	DES	Desmine	Greenberg et al., 2012
LGMD1E	AD	DNAJB6	DnaJ (Hsp40) homologue, sous-famille B, membre 6	Sarparanta et al., 2012
LGMD2A	AR	CAPN3	Calpaine 3	Richard et al., 1995
LGMD2B, myopathie de Miyoshi	AR	DYSF	Dysferline	Bashir et al., 1998 ; Liu et al., 1998
LGMD2C	AR	SGCG	γ-Sarcoglycane	Noguchi et al., 1995
LGMD2D	AR	SGCA	α-Sarcoglycane	Roberds et al., 1994
LGMD2E	AR	SGCB	β-Sarcoglycane	Bönnemann et al., 1995 ; Lim et al., 1995
LGMD2F	AR	SGCD	δ-Sarcoglycane	Nigro et al., 1996
LGMD2G	AR	TCAP	Titin-cap	Moreira et al., 2000
LGMD2H	AR	TRIM32	Contenant un Motif Tripartite 32	Frosk et al., 2002
LGMD2J	AR	TIN	Titin	Hackman et al., 2002
Dystrophie musclaire du tibiat	AD			
LGMD2L	AR	ANO5	Anoctamine 5	Bolduc et al., 2010
LGMD2Q	AR	PLEC	Plectine	Gundesli et al., 2010
MDDGA1, MDDGC1 (LGMD2K)*	AR	POMT1	Protéine-O-mannosyltransférase 1	Beltrán-Valero de Bernabe et al., 2002
MDDGA2, MDDGC2 (LGMD2N)	AR	POMT2	Protéine-O-mannosyltransférase 2	van Reeuwijk et al., 2005
MDDGA3, MDDGC3 (LGMD2O)	AR	POMGNT1	Protéine O-linked mannose béta-1,2-N-acétylglucosaminyltransférase	Yoshida et al., 2001
MDDGA4, MDDGC4 (LGMD2M)	AR	FKTN	Fukutine	Kobayashi et al., 1998
MDDGA5, MDDGC5 (LGMD2I)	AR	FKRP	Protéine Reliée à la Fukutine	Brockington et al., 2001
MDDGA6	AR	LARGE	Glycosyltransférase-Like	Longman et al., 2003
MDDGA7	AR	ISPD	Contenant un domaine Isoprénoïde Synthase	Roscioli et al., 2012 ; Willer et al., 2012
MDDGA8	AR	GTDC2	Contenant un Domaine Glycosyltransférase-like 2	Manzini et al., 2012
MDDGA	AR	B3GNT1	Béta-1,3-N-acétyl-glucosaminyltransférase 1	Buysse et al., 2013
MDDGA	AR	B3GALNT2	Béta-1,3-N-acétylgalactosaminyltransférase 2	Stevens et al., 2013
MDDGC9 (LGMD)	AR	DAG1	Dystroglycane	Hara et al., 2011
DM1	AD	DMPK	CTGexp en 3' UTR	Brook et al., 1992, Fu et al., 1992 ; Mahadevan et al., 1992
DM2	AD	CNBP	CCTGexp dans l'intron 1	Liquori et al., 2001
FSHD1	AD	DUX4	Double homéobox 4	Kowaljow et al., 2007 ; Lemmers et al., 2010
FSHD2	AD, Digénique	DUX4, SMCHD1	Double homéobox 4, Contenant un Domaine Charnière flexible pour la Maintenance de la structure des Chromosomes	Lemmers et al., 2012

AD : Autosomale Dominante ; AR : Autosomale Récessive ; RX : Récessive liée à l'X ; LGMD : Dystrophie Musculaire "Limb-Girdle" ; MDDG : Dystrophie-Dystroglycanopathie Musculaire ; FSHD : Dystrophie musculaire FacioScapuloHumérale ; exp : expension ; * : Ancien nom ou nom alternatif entre parenthèses.

Projet de thèse

Les premières études conduites au laboratoire sur les glyco-gènes et ladifférenciation myogénique avaient été réalisées avec les cellules C2C12 comme modèle cellulaire. Sur les 375 glyco-gènes analysés au cours des cinétiques de différenciation, 37 gènes présentent de fortes variations d'expression. Ils codent des enzymes qui se répartissent en cinq sous-familles : les glycosyltransférases, les sulfotransférases, les lectines, les glycosidases et les transporteurs de sucres activés (Janot et al., 2009). Le modèle cellulaire utilisé résulte de divers processus transformants ayant abouti à l'établissement de la lignée C2C12. Bien que celle-ci est conservée sa capacité de différenciation, il n'en demeure pas moins que l'expression de certains gènes pourrait être plus en relation avec la transformation qu'avec la différenciation myogénique. Pour s'affranchir de ce biais, nous avons choisi d'étudier la différenciation myogénique avec un modèle plus proche de l'*in vivo*. La lignée C2C12 ayant été établie à partir de souris C3H, le travail sera effectué à partir de cellules satellites murines, prélevées sur les muscles des pattes postérieures de souris C3H.

L'expression génique concernera les 375 glyco-gènes déjà etudiés par Janot et al. (2009). Les données récentes de la littérature amènent à compléter la famille des intégrines en y ajoutant 8 gènes manquants. Nous inclurons également l'expression des gènes dont les produits contribuent à la synthèse d'un tri-saccharide porté par l'alpha-dystroglycane, et dont la phosphorylation du mannose est indispensable pour une interaction de l'α-DG avec la laminine.

Nous mettrons à profit la capacité des cellules satellites à se trannsdifférencier pour comparer les profils d'expression des 389 glyco-gènes lors de l'engagement des cellules en différenciation myogénique et transdifférenciation pré-adipocytaire. Ceci devrait permettre d'écarter les glyco-gènes communs aux voies de différenciations. Finalement, à l'issue de ce crible transcriptionnel, les glyco-gènes présentant les surexpressions les plus marquées au cours de la différenciation myogénique feront l'objet d'études fonctionnelles. Afin d'analyser l'incidence de leur dérégulation, l'extinction génique par shRNAest envisagée.

Les glyco-gènes retenus comme spécifiques à la myogenèse seront alors étudiés lors de la différenciation myogéniques de cellules satellites bovines.

Matériels et Méthodes

Dissection

Les dissections sont pratiquées selon une procédure qui nous a été transmise par le Dr. Anne Bonnieu et Mme Barbara Vernus (INRA, Montpellier) et publiée par son équipe en 2011 (Rodriguez et al., 2011). Elles sont effectuées sur des souris C3H mâles de 5 semaines dans le but de récolter les cellules satellites présentes dans les muscles des pattes postérieures. Pour ce faire, tous les muscles des pattes postérieures de chaque animal sont prélevés puis rassemblés dans un tube à fond conique de 50mL (Falcon®). Les muscles dans du tampon PBS subissent ensuite un broyage mécanique à l'aide de ciseaux à bout rond pendant 10min afin d'obtenir une « purée » fine et homogène. Après quoi intervient un traitement enzymatique à la Pronase 1,5g/L (Sigma). A la fin du traitement, une centrifugation de 5min à 800tours/min permet d'éliminer tous les déchets, les cellules satellites se trouvent alors dans le surnageant. Après 4 lavages successifs dans du milieu F10 contenant de la pénicilline et de la streptomycine et centrifugation à 1500tours/min (rpm) pendant 20min, une dernière centrifugation à 1500rpm permet de sédimenter les cellules satellites. Après remise en suspension, les cellules sont comptées sur cellule de Malassez, puis ensemencées à raison de 20000cellules/cm^2 sur des boites de Pétri dont le fond a été recouvert au préalable de Matrigel™ (BD Biosciences, Franklin Lakes, NJ, USA). Après 48h d'incubation à 37°C, les cultures sont lavées avec du milieu F10 afin de retirer toutes les cellules n'ayant pas adhéré.

Culture cellulaire :

Cellules C2C12

Les cellules de la lignée C2C12 sont des myoblastes murins, issus de souris C3H, et fournies par ATCC (American Type Culture Collection). Elles sont mises en culture dans un milieu de prolifération constitué de Dubelco's Modified Eagle's Medium (DMEM), complémenté avec 10% (V/V) de sérum de veau fœtal (Eurobio, Courtaboeuf, France), 50Unités/mL de Pénicilline et 50µg/mL de Streptomycine. Les cellules sont ensemencées à raison de 5000cellules/cm^2 et cultivées jusqu'à environ 80% de confluence.

Les cellules satellites

Les cellules satellites murines en culture primaire sont isolées à partir des muscles des pattes postérieures de souris C3H (Cf. §Dissection). Elles sont mises en culture dans un milieu de croissance composé de Nutrient Mixture F10 HAM (F10, Sigma, L'Isle-d'Abeau, France) complémenté par 20% (V/V) de sérum de cheval (Life Technology « Invitrogen », CA, USA), 50Unité/mL de Pénicilline et 50µg/mL de Streptomycine, ainsi que 5ng/mL de Béta-Fibroblast Growth Factor (Sigma). Les cellules satellites sont cultivées sur boite de Pétri préalablement tapissées de Matrigel^{TM}. Les cellules sont ensemencées à 7500cellules/cm² et cultivées jusqu'à environ 70% de confluence.

Les cellules sont décollées de leur support par trypsination. A confluence, après un lavage au PBS (Phosphate Buffer Saline)-EDTA (Ethylene-Diamine-Tetra-Acetic acid) (1mM EDTA dans PBS 1X) les cellules sont traitées par du PBS-EDTA auquel est ajoutée de la trypsine (concentration finale à 0,125X) pendant une minute. Une fois les cellules décrochées du support, l'action de la trypsine est bloquée par addition de milieu de croissance supplémenté en sérum. Les cellules sont ensuite sédimentées par centrifugation 5min à 2500rpm. Après élimination du surnageant, elles sont remises en suspension dans du milieu et un comptage sur cellule de Malassez est effectué. Elles seront ensuite remises en culture aux densités indiquées pus haut.

Lorsqu'à l'issue de la culture les ARNs totaux doivent être extraits, le même protocole est appliqué jusqu'à la centrifugation, puis les culots sont rincés au PBS 1X avant d'être placés à
-80°C.

Différenciation des cellules

Les cellules C2C12 sont cultivées jusqu'à environ 80% de confluence avant de remplacer le milieu par un milieu de différenciation, semblable au milieu de prolifération à l'exception des 10% de SVF remplacés par 5% (V/V) de sérum de cheval (Invitrogen). Le changement de sérum et sa plus faible concentration provoquent l'entrée en différenciation myogénique des C2C12 (Yaffe and Saxel, 1977; Krämer et al., 2005).

Pour les cellules satellites, le milieu de différenciation est constitué de milieu F10 auquel sont ajoutés les antibiotiques (pénicilline et streptomycine) et 10% (V/V) de sérum de cheval. Le milieu de trans-différenciation est quant à lui constitué du milieu de croissance avec en plus du glucose à une concentration finale de 100mM. La concentration en glucose est maintenue par renouvellement du milieu toutes les 24h.

Fixation et coloration

Pour la différenciation myogénique, la manipulation consiste à fixer les cellules grâce à du Paraformaldéhyde (PFA) 10% (v/v) dans du PBS pendant 15 minutes à température ambiante. Les cellules sont conservées à -4°C et dans de l'éthanol 70% (v/v) après la fixation. Elles sont ensuite colorées à température ambiante par successivement de l'hématoxyline à 0,44% (m/V ; Thermoscientific, Courtaboeuf, France) pendant 15min (coloration violette des noyaux) et de l'éosine à 0,5% (m/V ; Thermoscientific) pendant 30min (coloration rose du cytoplasme). Entre chaque étape, plusieurs lavages au PBS 1X sont effectués.

Pour l'étude de la trans-différenciation pré-adipocytaire, la fixation est plus longue, le PFA est donc appliqué pendant 30 minutes à 37°C. Les cellules fixées sont colorées par une solution de Red-Oil S (coloration rouge des réserves lipidiques ; Sigma) pendant 1h à température ambiante. La solution mère de Red-Oil est préparée avec 300mg de Red-Oil S dissous dans 100 mL d'isopropanol 99% (V/V). La solution de coloration est constituée de 3 volumes de la solution mère mélangés à 2 volumes d'eau pure. Avant utilisation, la solution est filtrée sur du papier Whatman N°1. A l'issue de la coloration au Red-Oil, une coloration par l'hématoxyline et l'éosine est effectuée de la même façon que pour la différenciation myogénique. A l'issue de chaque étape plusieurs lavages au PBS 1X sont réalisés.

Les cellules sont toujours conservées dans du PBS-Glycérol 10% (v/v) à 4°C avant d'être observées.

Détermination du pourcentage de fusion

Pour étudier la différenciation des cellules en myotubes, le pourcentage de fusion (ou indice de fusion) est calculé. Afin de déterminer le pourcentage de fusion à un temps donné, les cultures sont fixées et colorées à l'hématoxyline et à l'éosine (cf. §Fixation et coloration). Les cellules sont observées au microscope photonique (grossissement X400) sur 10 champs distincts, nous comptons le nombre total de noyaux et le nombre de noyaux contenus dans les myotubes présents dans le champ. L'indice de fusion est ensuite calculé en effectuant le rapport du nombre de noyaux dans les myotubes sur le nombre total de noyaux.

Extraction des ARN totaux et rétrotranscription

Pour la PCR (Polymérase Chaine Reaction) quantitative en temps réel, les ARNs totaux des cellules à étudier sont extraits en utilisant le kit RNeasy (Qiagen, Hilden,

Allemagne) et en appliquant le protocole fourni par Qiagen. La concentration des extraits est déterminée par dosage au NanoDrop (NanoDrop Technologies, Wilmington, USA). Puis leur qualité est contrôlée en utilisant le système RNA Nano Chip et le Bioanalyser 2100 (Agilent Biotechnologies, Allemagne). On procède ensuite à la rétrotranscription des ARNs afin d'obtenir les ADN complémentaires (ADNc), pour cette opération on utilise l'enzyme Multiscribe™ Reverse Transcriptase (25U par 50µL) en présence d'hexamères aléatoires (High-Capacity cDNA Archive Kit, Applied Biosystem). Deux microgrammes d'ARNs totaux sont ainsi rétrotranscrits en effectuant : une étape de 10min à 25°C suivie de 2h à 37°C.

PCR quantitative (qPCR) en temps réel

Les quantités des ADN complémentaires ciblés sont déterminées grâce à l'utilisation de cartes TLDA, « Taqman Low density Array » (Life Science « Applied Biosystems », CA, USA). Ces cartes possèdent 384 cupules, dans lesquelles sont placées des sondes spécifiques à un ADNc cible ainsi que les réactifs nécessaires à la réaction de PCR. Les sondes Taqman sont couplées à un fluorophore rapporteur, ici le 6-carboxyfluorescéine, ce qui permet la quantification en temps réel grâce à un détecteur placé à l'intérieur du thermocycleur (ABI Prism 7900 Sequence Detector System). Le programme de la qPCR est le suivant : 50°C pendant 2min, puis 95°C pendant 10min, suivent 40 cycles (95°C pendant 15sec ; 60°C pendant 1min). La quantification repose sur l'utilisation de six gènes de référence *ARN18S* (ARN ribosomique 18S), *ActB* (Actine cytoplasmic 1), *G6pdx* (Glucose-6-phosphate 1-dehydrogenase X), *Gapdh* (Glycéraldehyde-3-phosphate déhydrogénase), *Tcea* (Transcription elongation factor A protein 2) et *Tbp* (TATA-box-binding protein).

Les gènes codant les MRFs (*MyoD1*, *MyoG*, *Myf5* et *Myf6*) et les marqueurs adipocytaires (*Dlk1* et *Ppara*), les gènes *Itga1*, *Itga8*, *Itga10*, *ItgaD*, *ItgaE*, *ItgaV*, *Itgb1*, et *Itgb6* (codant pour des sous-unités intégrines alpha et béta), ainsi que *Dag1* (alpha Dystroglycan), *Fkrp*, *Fktn*, *Gtdc2*, *Ispd* et *Tmem5* ne sont pas présents sur la carte TLDA. Des sondes Taqman ont été utilisées pour étudier ces gènes en qPCR. Un mélange réactionnel commercial (Applied Biosystems) est alors utilisé, seul 1µL de sonde et 2ng d'ADNc sont à ajouter. Les réactions se font dans les puits de plaques 96 puits, le programme de la qPCR et le détecteur sont identiques à ceux utilisés pour les cartes TLDA.

Quantification relative de l'expression des gènes

La quantification utilisée dans cette étude est une quantification relative reposant sur des gènes de référence, elle est donc toujours le résultat d'un rapport entre deux valeurs. Tout d'abord, la valeur « Ct » ou le « Ct » (Cycle Threshold) représente le nombre de cycles PCR nécessaires à l'obtention d'une quantité « X » d'ADN significative et donnant lieu à un signal lisible de manière précise par le détecteur. La valeur de « X » est fixée automatiquement ou par le manipulateur mais doit-être la même pour tous les gènes et pendant toutes la durée des tests afin que les valeurs de « Ct » recueillies soit comparables. Deux types de « Ct » sont distingués, les « Ct » des gènes de référence et les « Ct » des gènes cibles. Les gènes de référence sont choisis pour la stabilité de leur niveau de transcription, ainsi quel que soit le test, nous devons obtenir toujours le même « Ct » pour ces gènes. Pour s'affranchir des variations liées aux manipulations, nous calculons pour chaque gène cible la valeur appelée « ΔCt » qui correspond au « Ct » du gène cible moins le « Ct » du gène de référence au cours du même test (ici le même temps de différenciation). Pour les variations d'expression entre les différents tests, nous comparons les valeurs de « ΔCt » des gènes cibles, on obtient ainsi les valeurs de « ΔΔCt ». Ces valeurs servent à calculer les variations du niveau de transcription ou « RQ » (Relative Quantification) et qui correspondent au nombre de fois où un gène est surexprimé ou sous-exprimé pour un test par rapport à la référence (ici le temps 0h de différenciation). Si la quantité d'ARN n'a pas changé entre les deux tests le « RQ » sera alors de 1, si la quantité d'ARN a augmenté le RQ sera supérieur à 1 et si la quantité d'ARN a diminué le RQ sera inférieur à 1. Nous avons considéré comme significative les valeurs de RQ supérieures ou égales à 2 pour la surexpression et inférieures ou égales à 0,5 pour la sous-expression.

Clustering

Ces travaux ont été réalisés en collaboration avec le Dr. Anne Blondeau-DaSilva. Le procédé concernant l'imputation de distance ainsi que le clustering hiérarchique utilise un script qui nous a été personnellement fourni par le Dr. Gaëlle Lelandais et avait préalablement été utilisé dans les travaux de Lucau-Danila et collaborateurs (Lucau-Danila et al., 2005). Tous les gènes présentant une variation d'un facteur deux ou supérieur, spécifiques de la myogenèse, ont été soumis à cette étude. Les logarithmes de base 2 des quantités relatives ($\log_2(RQ)$) sont calculés pour chaque gène et pour chaque temps de la cinétique. Le clustering est basé sur la mesure de similarité entre les profils d'expression. Plus précisément, chaque gène peut être assimilé à deux vecteurs définis comme C2C12$g(Tm)$ et SatC$g(Tm)$, où C2C12$g(Tm)$ et SatC$g(Tm)$ sont les $\log_2(RQ)$ du gène g dans les cellules C2C12 et les cellules satellites respectivement, mesuré à Tm, le temps de cinétique (Tm inclut T(12h, 24h,

48h, 72h)). Ainsi, considérons deux gènes *g1* et *g2*, leur similarité (D) sera calculée de la façon suivante :

$$D(g_1g_2)=\sum_{T_m \in T} \sqrt{[(C2C12_{g1}(T_m) - C2C12_{g2}(T_m)]^2 + [SatC_{g1}(T_m) - SatC_{g2}(T_m)]^2}$$

Par la suite, le clustering hiérarchique est réalisé en utilisant les valeurs de similarité. Initialement, chaque objet (gène) est assigné à un cluster qui lui est propre puis à chaque tour, les deux clusters ayant la plus grande similarité sont assemblés. L'algorithme procède ainsi de manière itérative jusqu'à ce qu'il ne reste plus qu'un cluster. L'arbre résultant est redécoupé en différents cluster contenant des gènes avec des profils d'expression proches. La bibliothèque de fonction de R est utilisée (http://cran.r-project.org), les représentations graphiques sont obtenues avec MeV (MultiExperiment Viewer v 4.7.4) (Saeed et al., 2006).

Extraction des protéines et dosage protéique

Les protéines totales ont été extraites toutes les 24h au cours des différentes cinétiques. Pour ce faire les cellules sont lysées par du tampon « Lysis Buffer 15 » (R&D Systems) à raison de 150µL par boite de Pétri de 10cm de diamètre. Ensuite, la boite est immédiatement placée sur la glace afin d'éviter la dégradation des protéines et le lysat est ensuite collecté dans un tube eppendorf de 1,5mL. Après agitation douce à 4°C (15rpm pendant 1h), les tubes sont centrifugés à 13000rpm pendant 30min. Le surnageant contient les protéines totales qui sont ensuite dosées par la méthode de Bradford (Bradford, 1976).

La méthode de Bradford est un dosage colorimétrique reposant sur la formation d'un complexe entre le bleu de Comassie et les acides aminés basiques (Lysine, Arginine, Histidine). Cette complexification entraîne un changement de couleur du colorant qui prend alors une teinte bleue. Plus la couleur bleue est intense et plus la quantité de protéine est importante. L'intensité du bleu est quantifiée grâce à la mesure de l'absorbance à 595nm. Afin de déterminer de façon précise la quantité de protéines présentes dans un échantillon X, une gamme étalon constituée de 6 solutions d'Albumine de Sérum Bovin (BSA) à différentes concentrations est utilisée (Figure 43).

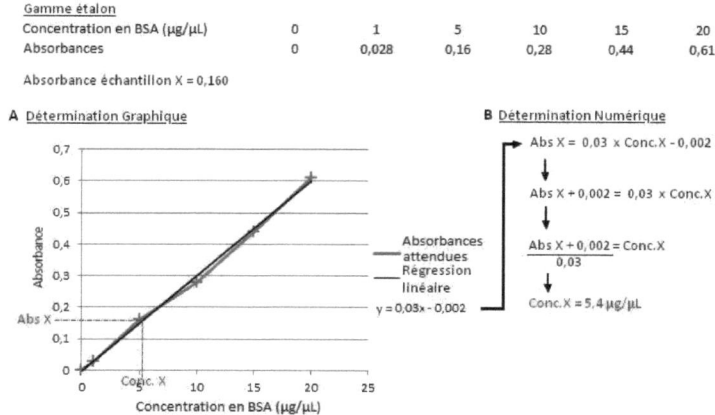

Figure 43. Détermination de la concentration protéique de l'échantillon X par la méthode de Bradford.
La régression linéaire permet de déterminer la concentration soit graphiquement (A) soit par le calcul via l'équation de la courbe de régression (B).

Western Blot

Dans le but d'analyser les quantités de protéines dont les transcrits varient de façon très significative, des westerns blots ont été réalisés

Pour l'Intégrine alpha 11 (ITGA11)

Les anticorps utilisés proviennent tous de R&D Systems (MN, USA). L'anticorps primaire est un IgG_1 Anti-Intégrine α11 de rat (MAB4235), il est utilisé à 1µg/mL. L'anticorps secondaire correspondant est un Anti-IgG de rat produit chez la chèvre qui est couplé à la Péroxidase de Raifort (HRP ; HAF005), il est utilisé dilué au $1/1000^{ème}$. Les échantillons sont déposés sur un gel d'acrylamide à 10% contenant du SDS (Sodium Dodecyl Sulfate). Après 1h15 d'électrophorèse à 10mA, un transfert de 1h30 sur membrane de nitrocellulose est effectué à $0,8mA/cm^2$. Le transfert est suivi d'une étape de saturation de la membrane grâce à une heure d'incubation dans du tampon Tris, contenant 0,05% (V/V) de Tween ainsi que 5% (m/V) de lait écrémé. La membrane ainsi saturée est mise en contact avec une solution du même tampon additionné cette fois de lait 2,5% (m/V) et de l'anticorps primaire. L'incubation se fait à 4°C pendant environ 15h, sous légère agitation. Sont ensuite effectués trois lavages de 10 minutes chacun par du tampon Tris avec 0,1% (V/V) de Tween. Puis une nouvelle incubation d'une heure est réalisée avec l'anticorps secondaire dilué dans le même tampon que l'anticorps primaire ; l'incubation se fait à température ambiante. Trois nouveaux lavages sont effectués, la présence de la protéine est alors révélée par le réactif Enhanced Chemiluminescent (CN 11500694001, Roche) permettant l'émission de lumière. Un film photographique (Amersham Hyperfilm ECL) est mis en contact puis plongé successivement dans une solution de révélation et de fixation. Le signal est alors imprimé de manière définitive sur le film qui pourra être utilisé pour les analyses. Le logiciel de traitement ImageJ (http://rsbweb.nih.gov/ij/) a été utilisé pour les quantifications relatives.

Pour la Carbohydrate Sulfotransférase 5 (CHST5)

L'anticorps primaire est une IgG Anti-CHST5 de lapin (bs-4144R, Bioss, Woburn, USA), il est utilisé à 1µg/mL. L'anticorps secondaire, un Anti-IgG de lapin produit chez le porc et couplé à la HRP (P0217, Dako, Glostrup, Danemark) est dilué au $1/1000^{ème}$ avant utilisation. Les échantillons protéiques sont incubés 5min à 95°C avant d'être déposés dans un gel d'acrylamide à 10% contenant du SDS. L'électrophorèse est réalisée à un ampérage constant de 6mA pendant 2h afin de séparer au mieux toutes les protéines de la famille des CHST ayant des poids moléculaires proches. Un transfert d'une heure sur membrane de nitrocellulose est ensuite effectué à un ampérage de 0,8mA/cm². Les étapes suivantes sont identiques à celles utilisées pour la protéine ITGA11.

Expérience de neutralisation

Afin d'évaluer le rôle de l'intégrine alpha 11 dans la fusion des myoblastes, une expérience de neutralisation par anticorps est réalisée. Les cellules satellites sont mises en culture de manière classique dans du milieu de croissance. Vingt-quatre heures avant induction de la différenciation myogénique, l'anticorps Anti-ITGA11 (idem western blot) est ajouté au milieu de croissance à une concentration finale de 1µg/mL. Le milieu est ensuite changé chaque jour et la même quantité d'anticorps y est ajoutée à chaque fois. Une culture sans traitement est utilisée comme contrôle de différenciation, une culture en présence d'anticorps isotypiques (IgG purifiés de rat ; MAB006 ; R&D Systems) est utilisée comme contrôle négatif et une culture traitée avec un IgG_{2A} Rat Anti-ITGA4 (MAB2450 ; R&D Systems) comme contrôle positif. Le pourcentage de fusion est déterminé toutes les 24h. Cette expérience a été répétée trois fois.

Knock-down par shRNA

Production de plasmides contenant des shRNA

Les plasmides pGENECLIP^{TM} portant les shRNA dirigés contre *Itga4*, *Itga11* et *Chst5* sont des constructions commerciales, ils contiennent le gène de résistance à l'ampicilline pour la sélection des bactéries transformées ; tous les plasmides sont fournis par Qiagen. Les quantités de plasmides nécessaires à la réalisation des expériences étant très importantes, des bactéries compétentes commerciales (TOP10, Invitrogen) ont été transformées avec chacun des plasmides, ainsi qu'un plasmide contenant un shRNA n'ayant aucune cible murine (contrôle négatif). Pour cela, 50µL de culture de bactéries sont mis en contact avec 1µL d'un des plasmides, et placés dans la glace pendant 30min. Ensuite les bactéries sont plongées 1min30 dans un bain-marie à 42°C, puis remises dans la glace pendant 5min. Ce choc thermique est suivi d'une incubation à 37°C pendant 1h, alors que 250µL de milieu riche ont été préalablement ajoutés à la culture bactérienne. La totalité des bactéries est alors étalée sur gélose LB-Agar (Lysogeny Broth). La pression de sélection est apportée par l'ampicilline à une concentration finale de 100µg/mL. La même concentration d'ampicilline est systématiquement ajoutée dans tous les milieux de culture aussi bien liquide que solide. Les bactéries recombinantes sont cultivées dans du milieu LB liquide et les extractions plasmidiques sont ensuite réalisées.

Extraction plasmidique

Le protocole utilisé a été adapté et mis au point au laboratoire par Melle Caroline Brun d'après le manuel Maniatis. Les tampons utilisés sont nommés P1, P2 et P3 : P1 (50mM Tris-HCl pH 8,0 ; 10mM EDTA) ; P2 (200mM NaOH ; 1% SDS) ; P3 (3M acétate de potassium pH 5,5). Les tampons P1 et P3 sont conservés à 4°C. Les bactéries compétentes contenant le plasmide d'intérêt sont centrifugées 1min à 13000rpm. Le culot est repris dans 100µL de tampon P1 froid, puis 150µL de tampon P2 sont ajoutés avant de laisser incuber 5min à température ambiante. A la fin de l'incubation 200µL de tampon P3 sont ajoutés et une nouvelle incubation de 5min est effectuée dans la glace. Une centrifugation de 5min à 13000rpm permet d'éliminer les contaminants et seulement les 3/4 du surnageant seront gardés pour la suite, afin d'assurer la propreté et la qualité de l'ADN plasmidique. Deux volumes d'éthanol absolu à -20°C sont ajoutés au surnageant et le tout est laissé 2min à température ambiante. L'ADN plasmidique, précipité pendant cette étape, est récupéré par centrifugation 5min à 13000rpm. Un lavage avec de l'éthanol 70% (V/V) à -20°C est effectué avant une nouvelle centrifugation. Puis le culot est séché à l'air libre avant d'être repris dans une quantité adaptée d'eau ultra-pure comprise entre 30 et 100µL selon la quantité de plasmide obtenue et la concentration finale en ADN souhaitée.

Transfection des cellules

Des cultures de cellules satellites et de C2C12 ensemencées sur Matrigel® ont été utilisées dans ces expériences. Les cultures ont été traitées 24h avant l'induction de la différenciation et le jour même comme suit. Deux cents microlitres de milieu auxquels sont ajoutés 1µL d'agent transfectant (Attracten, Qiagen) et 4µg de plasmide purifié sont mis à température ambiante pendant 15 minutes. Les solutions de transfection contiennent un des plasmides produisant les shRNA dirigés contre l'un des gènes (*Itga4*, *Itga11* ou *Chst5*) ou celui contenant le plasmide produisant un shRNA sans cible murine (utilisé comme contrôle négatif). Le milieu de culture est renouvelé pour chaque culture, traitée ou non, et les 200µL de mélange de transfection y sont ensuite ajoutés.

Efficacité de transfection

Toutes les 24h, une culture a été fixée et colorée et le pourcentage de fusion a été calculé. Les ARNs totaux sont également extraits toutes les 24h, rétrotranscrits, et une PCR est réalisée sur les ADNc afin de déterminer l'efficacité du knock-down. Les amorces utilisées sont détaillées dans le Tableau 4. L'amplification des transcrits du gène *Gapdh* sert de référence. Le programme de la PCR est le suivant : 96°C pendant 2min, puis suivent 40 cycles (95°C pendant 15sec ; 55°C pendant 30sec ; 72°C pendant 1min), enfin une élongation terminale de 5min à 72°C. Une migration sur gel d'agarose 1% (P/V) contenant du Bromure d'éthidum est réalisée. Après migration, le gel est observé sous UV, une photo du gel est prise pour analyse par traieemnt d'image avec le logiciel ImageJ. La quantité relative d'amplifiats est déterminée par la mesure de l'aire et du niveau de gris de chaque bande d'ADN. Les valeurs obtenues pour les ADNc cibles sont normalisées par rapport à la valeur obtenue pour le gène codant la *Gapdh* au même temps. La valeur normalisée obtenue pour la culture non traitée est assimilée à 1 pour chaque temps ; le rapport final est égal à la valeur obtenue pour une culture traitée sur la valeur obtenue pour la culture non traitée au même temps.
.

Tableau 4. Séquences des amorces utilisées pour déterminer l'efficacité du knock-down des gènes cibles

Amorces	Séquence 5'→3'
Itga4-Sens	agacctgcgaacagctccag
Itga4-Anti-sens	ggccttgtccttagcaacac
Itga11-Sens	ggccgccttcctctgcttca
Itga11-Anti-sens	ttgccacccctggtggcgat
Chst5-Sens	ctgagcggctctttgtgtgc
Chst5-Anti-sens	tcaaggaggtgcgcttcttt
Gapdh-Sens	aggccggtgctgagtatgtc
Gapdh-Anti-sens	tgcctgcttcaccaccttct

Bone Morphogenetic Protein 2

Dans le but d'effectuer une nouvelle trans-différenciation pour les cellules satellites vers des ostéoblastes et/ou ostéoclastes, les cellules doivent être traitées avec la protéine BMP2 (Bone Morphogenetic Protein 2) à une concentration de 300ng/mL pendant 6 jours (Katagiri et al., 1994). En raison de son coût élevé, nous avons voulu produire la protéine murine.

Amplification de la séquence codante de BMP2 à partir d'ADNc

L'ADNc de *BMP2* est amplifié par PCR à partir d'ADNc obtenus par rétrotranscription d'ARNs extraits de foie de souris (ARNs fournis par Melle Katy Heu). La protéine BMP2 étant composée de trois parties, un signal de sécrétion, un propeptide et le peptide actif nous avons décidé d'amplifier la totalité de la séquence codant BMP2 de manière à pouvoir obtenir la protéine recombinante directement dans le milieu de culture. Pour cela, une PCR primaire amplifiant un fragment plus large que celui désiré a été nécessaire avant d'effectuer la PCR secondaire amplifiant le produit final.
Les amorces pour les deux PCR sont les suivantes :
PCR Iaire : Sens : catgtgggagactctctcaat ; Anti-sens : gtgtgcaagcactttgctcag
PCR IIaire : Sens : ggcgcggccggcctcatt ; Anti-sens : ggagggctgcgggtgtcgt

Pour vérifier que la totalité de *BMP2* a bien été amplifiée, nous effectuons une électrophorèse sur gel 1% d'agarose (m/V ; Sigma) dans du tampon TAE (Tris-Acétate-EDTA). La présence de bromure d'éthidium dans le gel nous permet de visualiser par exposition aux ultra-violets les fragments amplifiés. Nous attendons un fragment de 1185 paires de bases correspondant à la séquence codante de *BMP2*. Une fois la séquence de *BMP2* obtenue, le fragment d'ADN est extrait du gel d'agarose suivant le protocole du Kit Ultra-Sep Gel Extraction (Bio Tek, Paris, France), puis celui-ci est séquencé.

Séquençage

La séquence du fragment de *BMP2* amplifié a été déterminée par *pyro*-séquençage (Figure 44B à 44E). Cette méthode nécessite au préalable une amplification PCR monodirectionnelle, c'est-à-dire n'utilisant qu'une seule amorce par réaction. Pour le fragment désiré nous avons procédé à 6 réactions PCR, trois sur le brin sens et trois sur l'anti-sens et dont les amplifiats sont chevauchants (Figure 44A). La réaction d'amplification est réalisée durant 25 cycles contenant les étapes suivantes : 96°C pendant 10sec ; 55°C pendant 5sec et 60°C pendant 4min. A l'issue de la PCR, les séquences amplifiées sont purifiées sur colonne de Séphadex™ G-50 (Sigma) sur le principe de la chromatographie d'exclusion de taille. Les produits purifiés sont ensuite déshydratés par une incubation de 17min à 94°C puis repris dans du Formamide (Sigma) avant d'être déposés dans le *pyro*-séquenceur. La séquence obtenue pour *BMP2* est présentée en Annexe 1.

Clonage de BMP2

Le fragment de *BMP2* purifié a été cloné dans le plasmide PCR-2.1-TopoTA™ (Invitrogen) contenant le gène de résistance à l'ampicilline. Des bactéries compétentes E. *coli* DHS5α ont été transformées puis sélectionnées sur milieu solide LB-Agar grâce à la présence d'ampicilline. Des clones ont été sélectionnés et ensemencés en milieu liquide (3 mL) dans le but d'amplifier le plasmide. Une extraction plasmidique a été réalisée sur les cultures bactériennes (cf. §Knock-down par shRNA) et les plasmides ainsi récupérés ont été placés à -20°C. La suite de ce travail consistera à transfecter des cellules COS (CV-1 in Origin, and carrying the SV40 genetic material) pour que celle-ci produisent et sécrètent la protéine BMP2 murine.

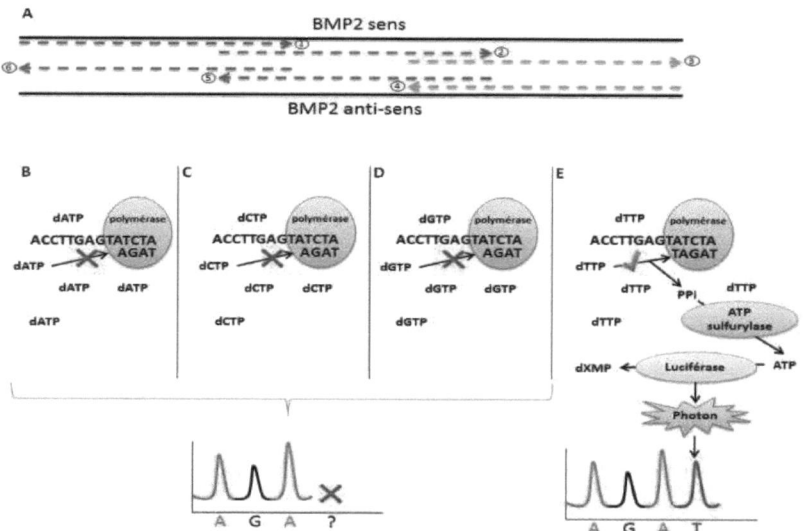

Figure 44. Technique de pyro-séquençage utilisée pour le séquençage du fragment de BMP2.

A. Chacun des 2 brins du cDNA de BMP2 a servi de matrice pour trois PCR monodirectionnelles. Chaque amplifiat obtenu chevauchant avec le suivant. Il passe séparément dans le pyro-séquenceur afin que sa séquence soit déterminée B-E. Les dNTPs sont présentés individuellement à la polymérase, lorsque le dNTP ne correspond pas tels que le dATP (B), le dCTP (C) ou le dGTP (D) dans notre exemple, il est éliminé et remplacé par une autre dNTP. Lorsque celui-ci correspond (E), le pyrophosphate (PPi) libéré est utilisé pour la synthèse d'un ATP qui sera immédiatement utilisé par la luciférase. La luciférase produira un déoxy-Xanthosine-Mono-Phosphate (dXMP), l'énergie libérée permettra l'émission d'un photon détecté par le séquenceur qui affichera alors un pic. Chacun des amplifiats étant présent en plusieurs exemplaires, toutes les séquences obtenues pour un même amplifiat sont ensuite alignées et la hauteur des pics est proportionnelle au nombre de fois où la même base a été ajoutée à la même position.

Extraction et dosage des Kératanes sulfates (KS):

La quantification des kératanes est effectuée selon la méthode de Barbosa (Barbosa et al., 2003) tenant compte des modifications apportées par le Dr. Martin (Martin, 2012). Les cellules satellites cultivées sur boites de 78,5cm² sont lavées avec du PBS et récupérées par grattage doux afin de conserver la matrice extracellulaire et d'éviter de prélever du Matrigel^{TM} présent sur le fond de la boite. Après centrifugation pendant 5min à 2500rpm, le culot cellulaire est lysé 10min à 4°C en utilisant 300µL d'un tampon (Trisma base-HCl 50mM pH 7,9 ; NaCl 10mM ; $MgCl_2$ 3mM et Triton X100 1%). Une nouvelle centrifugation est effectuée pendant 30min à 13000g. Les échantillons sont alors digérés par une solution de pronase à 200µg/mL pendant une nuit à 56°C. La pronase est inactivée en élevant la température à 90°C pendant 30min. Après refroidissement, une digestion de l'ADN est réalisée avec 2 unités de DNAse (RNAse free DNAse set, QIAGEN) pendant une nuit à 37°C. De plus, pour compléter l'élimination de l'ADN, les échantillons sont centrifugés 10min à 10000g dans des filtres Nanosep MF 0,2µM (Pall Corporation, France). L'étape suivante consiste en la séparation des protéines résiduelles par addition au filtrat d'une solution de NaCl 6M dans un rapport 1:2 (V/V). Les échantillons sont agités pendant 30min à 4°C, puis du TCA est additionné (10 % (m/V)) dans la solution finale. Après 15min d'incubation, s'en suit une centrifugation de 10min à 10000g. Le TCA (Trichloroacetic Acid) est extrait du surnageant en utilisant du chloroforme. La phase aqueuse est dialysée contre un tampon Tris-Acétate-$CaCl_2$ (Tris 50mM, Acétate de sodium 50mM, CaCl2 2mM, pH 8) puis contre de l'eau en utilisant des cassettes de dialyse Slide-A-lyser MINI dialysis Units (PIERCE, USA). Après une étape de lyophilisation, les échantillons sont dissous, en fonction des analyses, dans 20µL d'eau ou dans 19µL de tampon de digestion (5mM sodium phosphate, pH 5.8). La digestion s'effectuera en ajoutant 1µL de la kératane-sulfate-1,4-β-D-galactanohydrolase (Sigma) pendant 2h à 37°C pour éliminer spécifiquement les kératanes 6-O-sulfatés. Les GAGs totaux sont quantifiés en utilisant du 1-9 dimethyl-methylene blue (DMMB). Pour ce dosage, 1 mL de DMMB à 34mg/L (dans 5% d'éthanol, 0,2mM de GuHCL, 2% de sodium formate (m/V) et 0,15% d'acide formique (V/V)) est ajouté à 100µL d'échantillon. Le mélange est alors agité 30min puis centrifugé 30min à 13000 g, donnant ainsi un culot bleu formé d'un complexe GAG-DMMB réversible. Ce culot est dissous par addition de 1mL d'une solution de dissociation du complexe (50mM d'Acétate de sodium pH 6.8, 10% de propan-1-ol (V/V), 4M de Guanidium-HydroChloride) et agitation pendant 30 min. L'absorbance est mesurée au spectrophotomètre à une longueur d'onde de 656 nm. La quantification relative pour chaque temps sera effectuée par différence entre l'absorbance déterminée pour une solution contenant les GAG totaux et la solution ayant subi le traitement enzymatique. Les différents temps seront ensuite comparés entre eux pour déterminer la formation ou la perte de kératanes au cours de la cinétique.

Résultats et discussions

Sélection des glyco-gènes impliqués dans la myogenèse

Différenciation des cellules satellites murines (CSM) et sélection des glyco-gènes spécifiques de la myogenèse

Pour identifier les gènes montrant une variation d'expression au cours de la myogenèse, avec comme modèle cellulaire, les CSM, nous avons suivi et comparé les profils d'expression de tous les gènes durant les processus de myogenèse et de pré-adipogenèse. Les CSM ensemencées sur Matrigel^{TM} ont été différenciées en myotubes par privation de sérum durant 72 heures ou trans-différenciées en pré-adipocytes en présence pendant 168 heures d'une concentration quasi-constante de Glucose (50mM). Les points de cinétique ont été choisis de façon à obtenir le même pourcentage de cellules différenciées ou trans-différenciées dans les deux conditions (Figure 45).

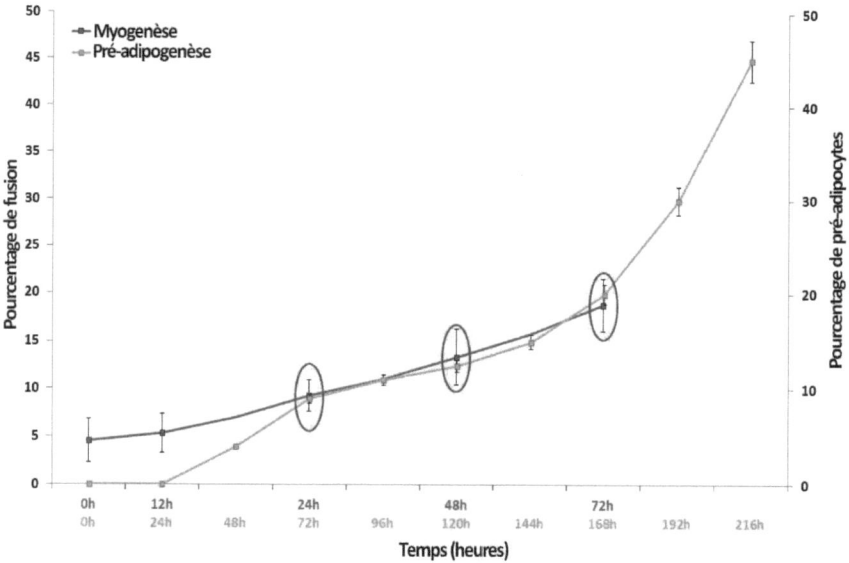

Figure 45. Comparaison des pourcentages de CSM différenciées ou trans-différenciées.

Les pourcentages de fusion et de pré-adipocyte ont été déterminés dans des cultures de cellules satellites respectivement différenciées pendant 72h en myotubes et trans-différenciées pendant 240h en pré-adipocytes. Les points sélectionnés sont entourés en rouge et correspondent au temps de la cinétique pré-adipogénique pour lesquels le pourcentage de pré-adipocytes observé est proche du pourcentage de fusion observé lors de la cinétique de différenciation myogénique. Les barres d'erreur correspondent à la divergence entre tous les champs observés.

L'état de différenciation des cellules a été confirmé (i) par coloration afin de visualiser les noyaux présents dans les myotubes pour déterminer le pourcentage de fusion ; ou pour suivre l'accumulation lipidique et ainsi calculer le pourcentage de pré-adipocytes (Figure 46) ; (ii) en mesurant l'expression des marqueurs myogéniques, *MyoG*, *MyoD1*, *Myf5* et *Myf6* et des marqueurs pré-adipocytaires, *Dlk1* (Protein delta homolog 1) et *Ppara* (Figure 47).

Dans les conditions de différenciation myogénique, l'expression de *MyoG* augmente considérablement (70 fois) durant les 24 premières heures avant d'atteindre un plateau (Figure 47) alors que dans le cas de la trans-différenciation des CSM, la surexpression de ce gène ne dépasse pas les 4 fois. Un résultat différent a été observé pour *Myf5*, avec une augmentation d'expression uniquement durant la myogenèse. De manière surprenante, *Myf6* et *MyoD1* ont une expression similaire dans chacune des voies de différenciation. Cette similitude entre trans-différenciation et myogenèse pourrait s'expliquer par la présence d'une concentration constante et élevée en Glucose dans le milieu de trans-différenciation. De fortes concentrations en glucose tendraient à augmenter la différenciation des cellules préalablement engagées dans la voie myogénique (Nedachi et al., 2008).

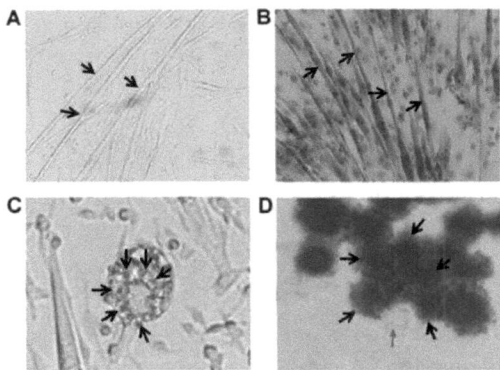

Figure 46. Différenciation des cellules satellites murines en myotubes ou pré-adipocytes.

A, B. Cellules satellites à t = 72h sous conditions de différenciation myogénique, ensemencées sur Matrigel^{TM}, sans (A) ou avec (B) coloration à l'hématoxyline/éosine. Grossissement x100. Les flèches indiquent les myotubes. C, D. Cellules satellites sous conditions de trans-différenciation adipocytaire, ensemencées sur Matrigel^{TM}, à t=168h. (C) Avant et (D) après coloration à l'Oil-Red S. Les flèches noires indiquent les accumulations lipidiques, la flèche rouge montre un noyau. Grossissement x400.

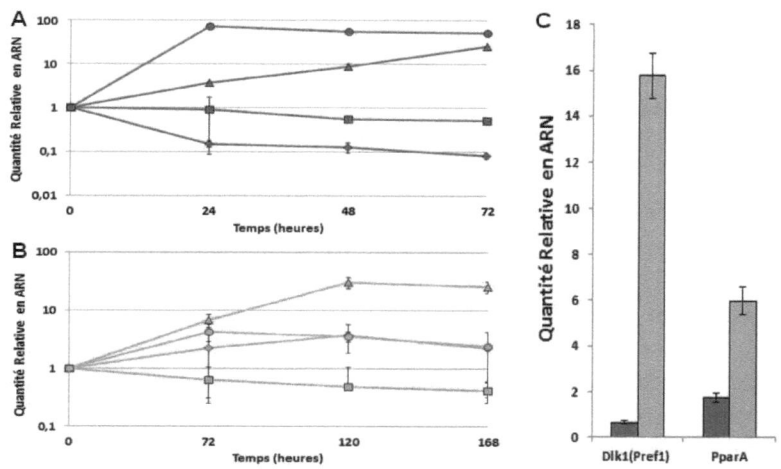

Figure 47. Expression des marqueurs myogéniques et pré-adipocytaires.
Expression des quatre facteurs de régulation myogénique (MRFs) (*MyoG* (ronds), *MyoD1* (carrés), *Myf5* (losanges), *Myf6* (triangles)) durant la différenciation des cellules satellites en myotubes (A) ou en pré-adipocytes (B) ; L'erreur standard a été calculée grâce à trois expérimentations indépendantes. C. Expression relative des marqueurs précoces de l'adipogénèse *Ppara* et *Dlk1*, dans les myotubes (en violet) ou dans les pré-adipocytes (en vert) en comparaison avec l'expression retrouvée pour des cellules satellites indifférenciées. Les valeurs représentées sont la moyenne de trois expériences indépendantes.

Comme attendu, les marqueurs pré-adipocytaires *Dlk1* et *Ppara* ont vu leur expression augmenter durant le processus de trans-différenciation, tandis qu'ils ne présentaient pas de variation d'expression significative durant la myogenèse. Ces résultats ont montré le bon engagement des CSM dans la voie de signalisation induite par les conditions de culture.

Nous avons par la suite comparé l'expression de 383 glyco-gènes et des gènes codant pour des protéines d'adhésion (Annexe 2) au cours de la différenciation des CSM dans chacune des voies. Seuls les glyco-gènes présentant une variation d'expression supérieure ou égale à deux par rapport au stade de prolifération ont été retenus. Cette comparaison nous a permis d'identifier 112 gènes avec une variation significative durant le processus myogénique, seulement 67 présentent un profil spécifique à la myogenèse (Tableau 5) et dont 61% est surexprimé. Les 45 restants ayant montré une variation d'expression similaire durant la pré-adipogénèse ont été écartés dans un premiers temps (Figure 49). Ensuite nous avons souhaités comparer ces résultats avec ceux obtenus sur la lignée cellulaire myoblastique murine C2C12 (Janot et al., 2009).

Tableau 5. Soixante-sept gènes régulés spécifiquement durant la différenciation myogénique des CSM.
Liste des 67 gènes, parmi les 383 étudiés ayant un niveau de surexpression supérieur ou égal à 2 et de sous-expression inférieur ou égal à 0,5 durant la différenciation myogénique des CSM.

Gène	Profil d'expression	Gène	Profil d'expression
Art1	Surexprimé	Chst10	Sous-exprimé
Asgr1	Surexprimé	Chst4	Sous-exprimé
B3galt2	Surexprimé	Chst8	Sous-exprimé
B4galnt1	Surexprimé	Clec3b	Sous-exprimé
B4galt1	Surexprimé	Clec4d	Sous-exprimé
B4galt4	Surexprimé	Clgn	Sous-exprimé
Cd248	Surexprimé	Cplx3	Sous-exprimé
Chst12	Surexprimé	Fuk	Sous-exprimé
Chst5	Surexprimé	Fut2	Sous-exprimé
Clec2d	Surexprimé	Fut4	Sous-exprimé
Cmah	Surexprimé	Fut10	Sous-exprimé
Csgalnact1	Surexprimé	Gyltl1b	Sous-exprimé
Dpm1	Surexprimé	Hs3st3a1	Sous-exprimé
Fcna	Surexprimé	Itgb7	Sous-exprimé
Galnt2	Surexprimé	Klrb1a	Sous-exprimé
Galnt5	Surexprimé	Mfng	Sous-exprimé
Galntl1	Surexprimé	Ndst4	Sous-exprimé
Gcnt2	Surexprimé	Pitpnm1	Sous-exprimé
Has1	Surexprimé	Pmm1	Sous-exprimé
Has2	Surexprimé	Sele	Sous-exprimé
Hpse	Surexprimé	Siglece	Sous-exprimé
Icam2	Surexprimé	St3gal1	Sous-exprimé
Idua	Surexprimé	St3gal5	Sous-exprimé
Itga11	Surexprimé	St3gal6	Sous-exprimé
Itga5	Surexprimé	St6galnac2	Sous-exprimé
Itga6	Surexprimé	St8sia5	Sous-exprimé
Itga9	Surexprimé		
Itgb8	Surexprimé		
Itgbl1	Surexprimé		
Klra2	Surexprimé		
Lctl	Surexprimé		
Lgals3bp	Surexprimé		
Lgals7	Surexprimé		
Lgals9	Surexprimé		
Mcam	Surexprimé		
Mrc2	Surexprimé		
Pigc	Surexprimé		
Renbp	Surexprimé		
Selp	Surexprimé		
Siglecg	Surexprimé		
Slc2a10	Surexprimé		

Glyco-gènes impliqués spécifiquement dans la myogenèse

Étant donné que, dans la précédente étude, les C2C12 étaient cultivées sans Matrigel^{TM} (Janot et al., 2009), nous avons contrôlé que la culture sur fond de Matrigel^{TM} ne modifie pas le potentiel de différenciation de ces cellules. La comparaison des cultures de C2C12 ensemencées ou non sur fond de Matrigel^{TM} n'a pas révélé de différence notable dans l'induction de la différenciation. Les résultats obtenus sont en accord avec ceux récemment publiés (Grefte et al., 2012). En effet, nous n'avons pas observé de différence au niveau des indices de fusion et dans l'expression de *MyoG* (Figure 48). L'expression d'Itgb8 a également été suivie, durant la différenciation myogénique des C2C12 en présence et absence de Matrigel^{TM}, les profils obtenus ne montrent pas de différence notable entre ces deux conditions de culture.

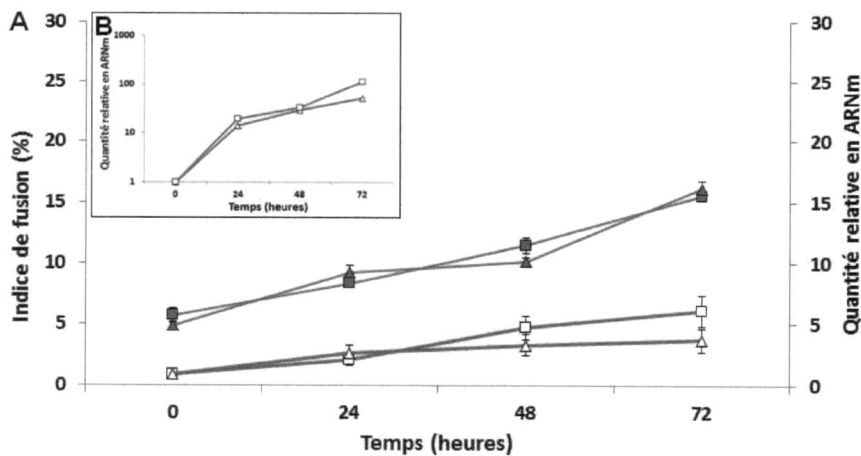

Figure 48. Différenciation myogénique des C2C12 en présence ou en absence de Matrigel^{TM} dans les boites.
Les cellules C2C12 ont été ensemencées à 5x10^3 cellules/cm² dans des boites sans (triangles) ou avec (carrés) « coating » au Matrigel^{TM}. A. L'indice de fusion (symbole plein) a été mesuré toutes les 24h après induction de la différenciation par privation de sérum, les barres verticales indiquent l'erreur standard (n=3). L'expression de *Itgb8* (symbole vide) a été mesurée toutes les 24h par qRT-PCR en utilisant une sonde Taqman. B. L'expression de *MyoG* a également été mesurée. Les barres verticales représentent l'erreur standard à 5%.

Nous avons donc procédé à la comparaison des 67 gènes sur et sous-exprimés spécifiquement durant la myogenèse des CSM avec les résultats obtenus par Janot *et al.* (Janot et al., 2009). Celle-ci a conduit à l'identification de deux sous-groupes (Figure 49). Le premier incluait 17 gènes dont l'expression varie au cours de la myogenèse des CSM et ne varie pas durant la différenciation des C2C12 (Groupe A, Tableau 6). Quinze d'entre eux sont surexprimés tout au long de la cinétique ou significativement à certains temps. Ces gènes possèdent néanmoins, avant induction de la différenciation, un niveau d'expression dans les C2C12 proche de celui atteint dans les CSM au cours de leur différenciation ; ceci peut expliquer l'absence de variation dans leur expression. Dans le second sous-groupe, on regroupe 50 gènes dont l'expression varie dans chacun des deux types cellulaires. Parmi eux, seulement 14 ont un profil de variation similaire durant la différenciation myogénique des C2C12 et des CSM (8 surexprimés, Groupe B, Tableau 6). Les 36 autres ont été écartés car ils possèdent des profils et des niveaux d'expression opposés entre les deux types cellulaires. Nous avons donc considéré que ces gènes n'étaient pas spécifiquement régulés durant la myogenèse et qu'en conséquence ils jouaient un rôle mineur dans ce processus de différenciation.

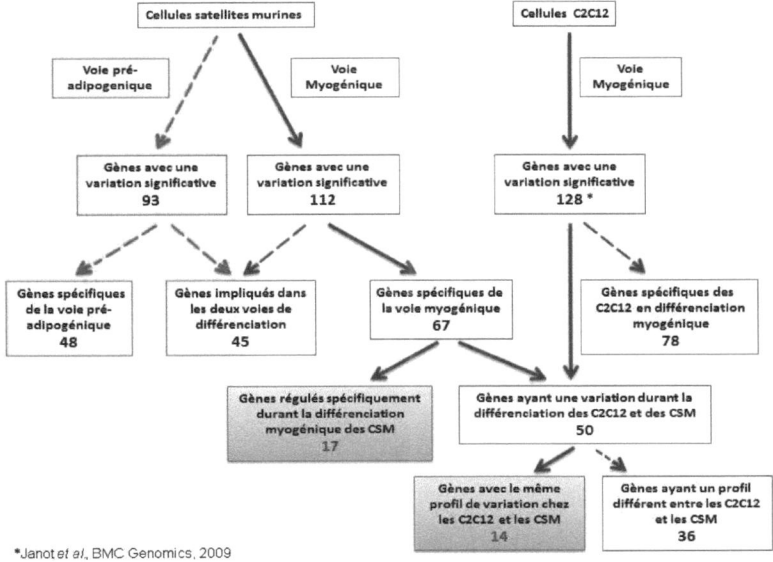

Figure 49. Détermination des glyco-gènes spécifiques de la myogenèse.
La comparaison entre les 93 glyco-gènes régulés de façon significative durant la pré-adipogenèse et les 112 durant la myogenèse, des cellules satellites murines, a révélé que 67 gènes sont spécifiquement régulés au cours de la différenciation myogénique. Leur expression comparée à celle observée dans les cellules C2C12 révèle que 17 varient uniquement pour les CSM et 14 sont également régulés de manière identique par les C2C12 (en rouge et en gras). Ils représentent les 31 gènes d'intérêt de cette étude. Les flèches pointillées correspondent aux gènes écartés durant le criblage.

Globalement, 31 gènes seulement semblent avoir une variation d'expression significative lors de la différenciation myogénique. Ils seraient donc essentiels pour l'engagement des cellules dans ce processus de différenciation et son bon déroulement (Figure 49). Ainsi ils ont été retenus pour la suite de l'étude.

Tableau 6. Liste des 31 gènes sélectionnés ayant une variation d'expression spécifique à la myogenèse.

A. Le groupe A, contient les gènes présentant une variation durant la différenciation myogénique des CSM et aucune variation durant la différenciation des C2C12. B. Le groupe B, rassemble les gènes ayant des profils de variation très proches durant la différenciation des CSM et des C2C12. Les valeurs inscrites en gras ont été considérées comme des variations significatives, représentant une quantité relative en ARN supérieure à 2 ou inférieure à 0,5.

	Gène	Variation d'expression	Quantité relative en ARN pour chaque temps de différenciation des CSM				
			0h	12h	24h	48h	72h
A	B4galt1	Surexprimé	1	1.09	1.427	1.613	**2.585**
	Cd248	Surexprimé	1	**2.298**	**3.064**	**5.072**	**10.464**
	Chst12	Surexprimé	1	0.894	1.238	1.498	**2.177**
	Cmah	Surexprimé	1	1.99	**2.451**	**2.611**	**2.394**
	Fcna	Surexprimé	1	**5.418**	**2.369**	**2.143**	**2.827**
	Has1	Surexprimé	1	**4.283**	**0.015**	**4.635**	**7.508**
	Has2	Surexprimé	1	**0.002**	**3.583**	**0.001**	**2.982**
	Hpse	Surexprimé	1	**2.174**	1.227	1.17	**3.223**
	Itga11	Surexprimé	1	**20.773**	**40.039**	**100.962**	**316.34**
	Itga5	Surexprimé	1	1.986	**3.011**	**2.995**	n.d.
	Itgb8	Surexprimé	1	1.538	**2.21**	**4.789**	**6.166**
	Klra2	Surexprimé	1	1.73	1.279	**4.221**	**11.168**
	Mcam	Surexprimé	1	0.967	1.687	1.894	**2.126**
	Pigc	Surexprimé	1	1.08	1.521	1.714	**2.475**
	Renbp	Surexprimé	1	1.926	2.156	2.155	2.21
	Fuk	Sous-exprimé	1	**0.428**	0.636	0.559	0.573
	Pmm1	Sous-exprimé	1	**0.499**	0.857	1.042	1.013
B	Art1	Surexprimé	1	1.759	1.205	**13.63**	**39.324**
	Chst5	Surexprimé	1	**22.203**	**53.793**	**18.009**	**8.642**
	Clec2d	Surexprimé	1	1.463	**2.017**	1.222	**2.065**
	Galnt1	Surexprimé	1	1.455	1.635	0.87	**2.689**
	Gcnt2	Surexprimé	1	0.84	**2,000**	1.539	1.324
	Icam2	Surexprimé	1	**2.037**	**3.854**	**2.465**	**5.674**
	Itga6	Surexprimé	1	**3.773**	**2.976**	**2.037**	n.d.
	Lgals7	Surexprimé	1	**0.468**	**2.174**	**2.332**	**4.369**
	Chst10	Sous-exprimé	1	0.641	0.572	**0.455**	0.726
	Chst8	Sous-exprimé	1	**0.204**	**0.18**	**0.087**	**0.069**
	Clec4d	Sous-exprimé	1	1.161	**0.322**	**0.475**	0.913
	Clgn	Sous-exprimé	1	**0.012**	**0.067**	**0.094**	**0.549**
	Fut10	Sous-exprimé	1	**0.372**	**0.366**	**0.444**	**0.566**
	Itgb7	Sous-exprimé	1	**0.287**	**0.285**	**0.165**	**0.435**

Analyse par clustering « sans a priori »

Nous avons effectué avec le Dr. Blondeau-DaSilva (UMR 1061, Limoges), une analyse par clustering, dans le but de grouper les gènes avec un profil d'expression similaire, sans aucun *a priori*. Pour ce faire, nous avons utilisé un algorithme de clustering hiérarchique non-supervisé sur les 67 gènes premièrement sélectionnés. Cette approche, décrite dans le §Matériel et Méthodes, tient compte de l'expression combinée de chaque gène durant la différenciation des C2C12 et des CSM. L'arbre résultant de cette analyse a été scindé en 8 clusters (Figure 50), le huitième contenant une complexité résiduelle celui-ci a été subdivisé en 6 sous-clusters (Figure 46A).

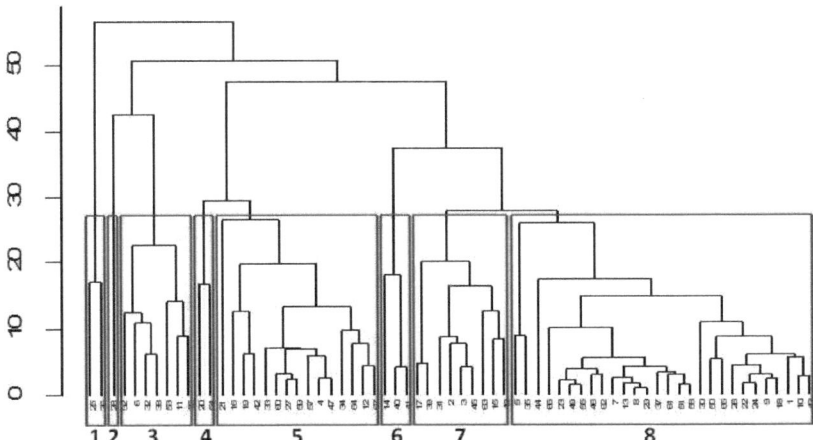

Figure 50. Arbre résultant de la classification hiérarchique sans *a priori* et clusters associés.
Tous les gènes ont été considérés dans un premier temps comme des clusters de un gène et numérotés de 1 à 67. Une fois l'arbre défini, celui-ci a été scindé en 8 clusters (encadrés en rouge et numérotés de 1 à 8).

Quatorze gènes provenant du Groupe A ont été retrouvés dans 4 clusters (clusters 5, 7, 8(4) et 8(6)). Douze des quatorze gènes du groupe B se répartissent dans les clusters 3, 5, 7 et 8(6) (Figure 51A). Au final sur les 31 gènes retenus, 26 se retrouvent répartis dans 5 clusters majeurs, définis comme contenant au moins 7 gènes dans la classification hiérarchique.

Dans le cluster 3, l'expression des gènes augmente très tôt pendant la différenciation des C2C12 (net surexpression) et seulement à 48h pour les cellules satellites (Figure 51D).

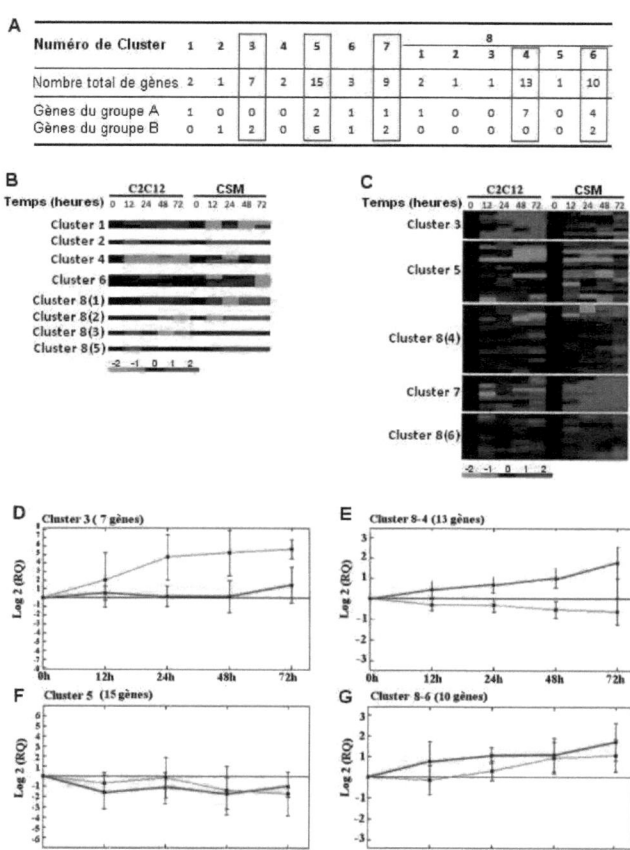

Figure 51. Analyse par clustering des glyco-gènes variant significativement durant la différenciation myogénique des CSM.

Les 67 gènes dont le niveau de transcrits change significativement durant la myogenèse des CSM ont été utilisés. Il est à noter que certains présentent également une variation lors de la différenciation des C2C12. L'arbre résultant du clustering hiérarchique (Figure 45) a été scindé en 8 clusters, dont le cluster 8 incluant 28 gènes a été subdivisé en 6 sous-clusters (1 à 6) dans le but d'obtenir un niveau de complexité homogène entre tous les clusters. A. Nombre de gènes dans les clusters et nombre de gènes appartenant aux groupes A et B définis dans le Tableau 6. B. Carte d'expression des clusters mineurs C. Carte d'expression des clusters majeurs (encadrés en rouge en A) : 3, 5, 7, 8(4), 8(6). En utilisant les couleurs classiquement utilisées (vert : sous-expression et rouge : surexpression) D-G. Profils moyens d'expression des clusters 3, 5, 8(4) et 8(6) durant la différenciation myogénique des C2C12 (en rose) et des cellules satellites murines (en rouge) ; les axes des y représentent le logarithme en base 2 du niveau d'expression (RQ pour quantité relative). Les barres d'erreur indiquent la déviation standard de l'expression moyenne.

Le cluster 5 contient six gènes du groupe B avec des profils d'expression similaires dans les deux conditions, ces gènes sont clairement sous-exprimés. Dans le cluster 8(6), tous les gènes sont surexprimés et les variations d'expressions observées sont plus fortes pour les CSM que pour les C2C12. Ce cluster inclut également quatre gènes du groupe A (Figure 51A). Le cluster 8(4) contient lui aussi 7 gènes du groupe A qui ont une variation d'expression significative uniquement dans le CSM (Figure 51C). Les gènes restants du groupe A se distribuent entre les clusters 5 (2 gènes), 7 (1 gène) et trois clusters mineurs (1, 6 et 8(1)). Nous voyons donc que les gènes du groupe A sont essentiellement retrouvés dans les clusters contenant des gènes variant pour les CSM et non pour les C2C12, alors que ceux du groupe B se situent plutôt dans les clusters réunissant des gènes variant dans les deux types cellulaires. Ainsi, 26 des 31 gènes que nous avions sélectionnés et séparés en deux groupes sont rassemblés quasiment de la même façon par le clustering « sans *a priori* » ceci appuie la confiance que nous pouvons avoir en notre méthode de sélection.

La myogenèse requiert l'intervention de protéines d'adhésion, des kératanes sulfates ainsi que des hyaluronanes

a. Protéines d'adhésion

Nous avons observé que les plus fortes surexpressions concernaient les gènes *Art1* (ADP-ribosyltransferase 1), *Itga11* (39 et 316 fois respectivement) et que les plus fortes sous-expressions touchaient les gènes *Clgn* (Calmegin) et *Itgb7* (0,012 et 0,16 fois respectivement) concernant les gènes sous-exprimés. Pour comprendre quels processus cellulaires pouvaient être affectés par ces variations d'expression, nous avons classé les 31 gènes par rapport aux fonctions de leur produit (Tableau 7). Trois grandes familles ont été définies : Famille 1 « Adhésion », Famille 2 « Synthèse et extension glycanique », Famille 3 « Autres fonctions ». Douze des 31 gènes codent des protéines de la Famille 1 dont un seul est sous-exprimé. Parmi ces gènes, nous avons pu remarquer la présence de 5 gènes codant pour des sous-unités intégrines, indiquant une implication probable de ces protéines d'adhésion. Parmi les 19 gènes ne codant pas des protéines d'adhésion, 7 sont sous-exprimés et ne sont pas actuellement reliés à la myogenèse (Famille 3 ; *e.g.* : le produit du gène *Clgn* est impliqué dans la spermatogenèse (Siep et al., 2004)). Tous les autres gènes surexprimés sont associés à la synthèse ou la modification de structures glycaniques.

b. Les glycosaminoglycanes

Il apparait une forte régulation des gènes *B4Galt1* (Beta-1,4-galactosyltransferase 1), *Chst5*, *Chst12*, *Cmah* (CMP-N-acetylneuraminic acid hydroxylase), *Galntl1* (Galnt-like protein 1), *Gcnt2* (N-acetylglucosaminyltransferase), *Has1* (Hyaluronan synthase 1) et *Has2* impliqués dans la synthèse de composants extracellulaires comme les protéoglycanes. Nous savons que l'alignement des cellules et des myotubes requiert la formation d'un maillage matriciel, composé essentiellement de collagène et maintenu par d'autres molécules de la MEC tel que le lumicanne et ses KS par exemple (Chakravarti et al., 1998).

Tableau 7. Classification des 31 gènes sélectionnés.
Les 31 gènes sélectionnés (Tableau 6) ont été classés selon la fonction de leurs produits.

Gène	Profil d'expression	Fonction	Cluster	Famille
Art1	Surexprimé	ADP-ribosylation	7	
Cd248	Surexprimé	Rôle potentiel dans l'angiogénèse	8(6)	
Clec2d	Surexprimé	Inhibiteur de l'ostéogénèse	8(6)	
Icam2	Surexprimé	Interaction Cellule-Cellule	3	
Itga5	Surexprimé	Remodelage de la matrice	6	
Itga6	Surexprimé	Récepteur à la Laminine	6	Famille 1
Itga11	Surexprimé	Récepteur au collagène	7	"Adhésion"
Itgb8	Surexprimé	Récepteur à la Fibronectine	8(6)	
Klra2	Surexprimé	Récepteur chaine lourde de Myosine	8(4)	
Lgals7	Surexprimé	Interaction Cellule-Cellule et Cellule-MEC	8(6)	
Mcam	Surexprimé	Adhésion cellulaire	8(4)	
Itgb7	Sous-exprimé	Rétention et 'Homing' des lymphocytes	5	
B4galt1	Surexprimé	Biosynthèse des Kératanes sulfates	8(4)	
Chst12	Surexprimé	Biosynthèse des Dermatanes sulfates	8(4)	
Cmah	Surexprimé	CMP-N-acetylneuraminic acid hydroxylase	8(6)	
Chst5	Surexprimé	Biosynthèse des Kératanes sulfates	7	
Galntl1	Surexprimé	Biosynthèse de core O-Glycane	3	
Gcnt2	Surexprimé	Biosynthèse de core O-Glycane	5	Famille 2
Has1	Surexprimé	Hyaluronane synthase	8(1)	"Synthèse/extension
Has2	Surexprimé	Hyaluronane synthase	1	Glycanique"
Hpse	Surexprimé	Héparanase	8(4)	
Pigc	Surexprimé	Biosynthèse de l'ancre GPI	8(4)	
Renbp	Surexprimé	Epimérase	8(4)	
Chst8	Sous-exprimé	Sulfatation de N-Glycan	5	
Chst10	Sous-exprimé	Sulfatation de O-Glycan	5	
Pmm1	Sous-exprimé	Phospho-manno mutase	5	
Clec4d	Sous-exprimé	Récepteur endocytique	5	
Clgn	Sous-exprimé	Rôle dans la spermatogenèse	5	
Fcna	Surexprimé	Ficolline	8(6)	Famille 3
Fut10	Sous-exprimé	Fucosylation du chitobiose	2	"Autres fonctions"
Fuk	Sous-exprimé	Recyclage du fucose	5	

Notre étude a permis d'observer la surexpression de *B4Galt1* et *Chst5*, impliqués dans la synthèse des KS, au cours de la myogenèse des CSM. Il a également été observé une surexpression de *Galntl1* et *Gcnt2* dont les produits synthétisent le *O*-glycane Core 2, servant de base pour l'ajout des KS sur une protéine. Ces résultats iraient dans le sens d'une surproduction de KS durant la différenciation myogénique des cellules satellites. En plus de ces protéoglycanes, il semble que la synthèse des hyaluronanes soit elle aussi augmentée *via* la surexpression des hyaluronanes synthase HAS1 et HAS2. Il a été décrit que les hyaluronanes aident à la séquestration des récepteurs au TGF-β1 dans des radeaux lipidiques, ce qui limite les interactions avec le ligand (Ito et al., 2004). L'absence de fixation du TGF-β1, et donc des signaux d'induction de la prolifération, permet aux cellules d'entrer dans la voie de différenciation myogénique (Kollias et McDermott, 2008). Dans ce contexte, nous pouvons également ajouter la surexpression de *Chst12* dont le produit est impliqué dans la synthèse du dermatane sulfate. Il y aurait peut-être une augmentation de la production de décorine, connue pour lier et réguler la sensibilité des cellules satellites de poulet au TGF-β1 (Li et al., 2008).

Nous avons également observé une différence entre les cellules satellites et l'étude précédente portant sur les C2C12 (Janot et al., 2009). Cette différence concerne les gènes impliqués dans la biosynthèse des lacto/néolacto series, aucun des 7 gènes décrits auparavant n'a été retenu parmi les 31 que nous avons sélectionnés car ils présentaient une variation aussi bien dans la voie myogénique qu'adipogénique. Ceci nous a conduits à rechercher les gènes spécifiques de la trans-différenciation adipogénique lorsque les cellules satellites sont engagées dans cette voie. Quelles sont les voies de synthèse et/ou les interactions impliquées, certaines sont-elles similaires ou sont-elles toutes différentes ?

Sélection des glycogènes dont la variation est spécifique à la trans-différenciation

Cette étude a été menée sur les cellules satellites uniquement, afin d'être au plus près possible des conditions retrouvées *in vivo*. Nous avons procédé de la même façon que pour la sélection des glycogènes ayant une variation spécifique au cours de la myogenèse. Nous sommes repartis de la comparaison entre les deux voies de différenciation et de trans-différenciation. Comme indiqué dans la Figure 52, 48 gènes présentent une variation lors de la trans-différenciation mais aucune lors de la myogenèse des CSM. Parmi les 67 gènes sélectionnés comme ayant une variation d'expression spécifique de la myogenèse, nous avons mentionné que certains de ces gènes présentaient également une variation d'expression au cours du processus pré-adipogénique, cependant en sens inverse. Ainsi, ces gènes ont été naturellement retrouvés parmi les 61 présentant une variation spécifique de la pré-adipogenèse, nous avons donc identifiés ces 13 gènes et les avons ajoutés à la liste des glycogènes impliqués dans la voie de trans-différenciation (Figure 52). Nous avons par la suite identifié parmi les gènes présentant des profils de variations d'expression communs à la myogenèse et la pré-adipogenèse, 11 gènes dont les niveaux d'expression sont au moins cinq fois plus ou cinq fois moins importants dans la voie adipogénique par rapport à la voie myogénique. Au final ce sont donc 72 gènes qui ont été considérés comme ayant une variation ou un niveau d'expression spécifique à la voie pré-adipogénique des CSM (Figure 52 et Tableau 8).

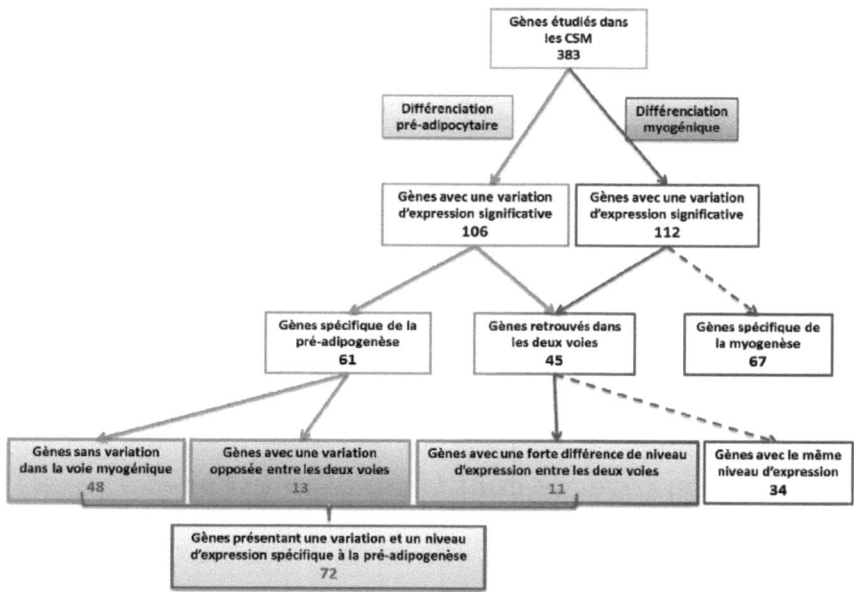

Figure 52. Procédé de sélection des gènes spécifiques à la voie pré-adipogénique.
Les gènes présentant des variations d'expression au cours des voies de différenciations myogénique et adipogénique ont été comparés. Les raisons de sélection sont indiquées ainsi que le nombre de gènes identifiés. Un code couleur a été établi avec en Orange les gènes variant uniquement au cours de la pré-adipogenèse ; en Rouge ceux variant de façon opposée entre myogenèse et pré-adipogenèse et en Bleu ceux variant de la même façon mais présentant un niveau d'expression finale cinq fois plus important dans l'une des deux voies. Au final, 72 gènes ont été retenus pour la suite de cette étude (nombres en rouge).

Tableau 8. Liste des gènes ayant une variation ou un niveau d'expression spécifique à la trans-différenciation adipogénique des CSM.
Les 72 gènes sélectionnés ont été classés selon la fonction de leur produit. Les couleurs correspondent à celles décrite pour la Figure 52.

Gène	Produit	Variation d'expression	Fonction	Nombre de gènes
L1cam	L1 cell adhesion molecule	Sous-exprimé	Molécules d'adhésion	
Mcam	Melanoma cell adhesion molecule	Sous-exprimé		
Vcam1	Vascular cell adhesion molecule	Sous-exprimé		
Masp2	Mannan-binding lectin serine peptidase 2	Surexprimé		
Ncam1	Neural cell adhesion molecule	Surexprimé		
ItgaL	Integrin alpha L	Sous-exprimé	Intégrine / Intégrine-like	16
Itga2b	Integrin alpha 2b	Surexprimé		
Itga4	Integrin alpha 4	Surexprimé		
Itga7	Integrin alpha 7	Surexprimé		
Itga9	Integrin alpha 9	Surexprimé		
Itgb1bp2	Integrin beta 1 binding protein 2	Surexprimé		
Itgb6	Integrin beta 6	Surexprimé		
Lgals9	Lectin, galactose binding, soluble 9	Sous-exprimé	Lectine / Lectine-like	
Selp	Selectin, platelet	Sous-exprimé		
Siglecg	Sialic acid binding Ig-like lectin G	Sous-exprimé		
Clec2h	C-type lectin domain family 2, member h	Surexprimé		
Pigf	Phosphatidylinositol glycan anchor biosynthesis, class F	Sous-exprimé	Liaison ancre GPI-Protéine	
Gpaa1	GPI anchor attachment protein 1	Surexprimé		
Pigo	Phosphatidylinositol glycan anchor biosynthesis, class O	Surexprimé		
Ngly1	N-glycanase 1	Surexprimé	Dégradation de la liaison N-Glycane	
Alg6	Asparagine-linked glycosylation 6	Sous-exprimé	Synthèse des N-Glycanes	14
Man1a	Mannosidase 1, alpha	Sous-exprimé		
Mgat2	Mannoside acetylglucosaminyltransferase 2	Sous-exprimé		
Galnt10	N-acetylgalactosaminyltransferase 10	Sous-exprimé	Synthèse des O-Glycanes	
Gcnt3	Glucosaminyl (N-acetyl) transferase 3	Sous-exprimé		
Galnt3	N-acetylgalactosaminyltransferase 3	Surexprimé		
Galnt6	N-acetylgalactosaminyltransferase 6	Surexprimé		
Ogt	O-linked N-acetylglucosaminetransferase	Surexprimé		
Fuca2	Fucosidase, alpha-L- 2	Surexprimé	Dégradation de la glycosylation périphérique	
Neu2	Neuraminidase 2	Surexprimé		
Chst11	Carbohydrate sulfotransferase 11	Sous-exprimé	Sulafatation des Chondroïtines	
Chst7	Carbohydrate (N-acetylglucosamino) sulfotransferase 7	Sous-exprimé		
Idua	Alpha-L-iduronidase	Surexprimé	Dégradation du Dermatane	
Ext1	Exostoses (multiple) 1	Sous-exprimé	Synthèse des Héparanes	13
Extl1	Exostoses (multiple)_like 1	Surexprimé		
Extl3	Exostoses (multiple)-like 3	Surexprimé		
Hs3st3a1	Heparan sulfate 3-O-sulfotransferase 3A1	Surexprimé	Sulfatation des Héparanes	
Hs3st3b1	Heparan sulfate 3-O-sulfotransferase 3B1	Surexprimé		
Hs6st3	Heparan sulfate 6-O-sulfotransferase 3	Surexprimé		
Has2	Hyaluronan synthase 2	Sous-exprimé	Synthèse des Hyaluronanes	
Hyal1	Hyaluronoglucosaminidase 1	Surexprimé	Dégradation des hyaluronanes	
Chst1	Carbohydrate sulfotransferase 1	Sous-exprimé	Sulfatation des Kératanes	
Chst2	Carbohydrate sulfotransferase 2	Sous-exprimé		

Suite du tableau page 99

Gène	Produit	Variation d'expression	Fonction	Nombre de gènes
St6galnac3	N-acetylgalactosaminide alpha-2,6-sialyltransferase 3	Sous-exprimé	Synthèse des Gangliosides	12
St8sia5	Alpha-N-acetyl-neuraminide alpha-2,8-sialyltransferase 5	Surexprimé		
B3galnt1	Beta 1,3-galactosaminyltransferase, polypeptide 1	Sous-exprimé	Synthèse des Globosides	
B3galt5	Beta 1,3-galactosyltransferase, polypeptide 5	Surexprimé		
Gba2	Glucosidase beta 2	Surexprimé	Dégradation des Glycolipides	
Naga	N-acetyl galactosaminidase, alpha	Surexprimé		
St3gal4	Beta-galactoside alpha-2,3-sialyltransferase 4	Sous-exprimé	Synthèse des Lacto/NéoLactosides	
St3gal5	Beta-galactoside alpha-2,3-sialyltransferase 5	Sous-exprimé		
B3gnt1	Beta-1,3-N-acetylglucosaminyltransferase 1	Surexprimé		
B3gnt2	Beta-1,3-N-acetylglucosaminyltransferase 2	Surexprimé		
Fut2	Fucosyltransferase 2	Surexprimé		
Fut4	Fucosyltransferase 4	Surexprimé		
Gaa	Glucosidase, alpha, acid	Surexprimé	Dégradation du Glycogène	12
Ganc	Glucosidase, alpha; neutral C	Surexprimé		
Cmah	Cytidine monophospho-N-acetylneuraminic acid hydroxylase	Sous-exprimé	Métabolisme des sucres	
Gne	Glucosamine	Sous-exprimé		
Nans	N-acetylneuraminic acid synthase	Sous-exprimé		
Pgm1	Phosphoglucomutase 1	Sous-exprimé		
Ugdh	UDP-glucose dehydrogenase	Sous-exprimé		
Fuk	Fucokinase	Surexprimé		
Galt	Galactose-1-phosphate uridyl transferase	Surexprimé		
Gmppa	GDP-mannose pyrophosphorylase A	Surexprimé		
Ganc	Glucosidase, alpha; neutral C	Surexprimé		
Gnpnat1	Glucosamine-phosphate N-acetyltransferase 1	Surexprimé		
Slc2a8	Solute carrier family 2, member 8	Surexprimé		
Thbd	Thrombomodulin	Sous-exprimé	Autres fonctions	5
Ath1	ATH1, acid trehalase-like 1	Surexprimé		
Calr3	Calreticulin 3	Surexprimé		
Glt8d1	Glycosyltransferase 8 domain containing 1	Surexprimé		
Parp3	Poly-ADP-ribose polymerase family, member 3	Surexprimé		

La trans-différenciation adipogénique maintient l'inhibition de la voie myogénique et nécessite la synthèse d'héparanes sulfates

Les différentes fonctions des produits des 72 gènes sélectionnés ont été identifiées, ainsi que les processus cellulaires et les voies de synthèse dans lesquels ils interviennent (Tableau 8).

Notre première observation est la moindre implication des intégrines, la plupart des gènes les codant sont moins exprimés que lors de la myogenèse (Figure 53). Les intégrines ITGA4, ITGA9, ITGB1BP2 et ITGB6, dont les gènes sont surexprimés, interviennent dans les interactions CSM-MEC (Lock et al., 2008). Elles pourraient également être impliquées dans l'adhésion et la migration des pré-adipocytes, comme démontré pour ITGA1 et ITGB1 (Patrick et Wu, 2003). Les gènes *Itga2b* et *Itga7* semblent être spécifiques de la voie adipogénique car surexprimés uniquement dans cette voie. Ces résultats sont en accord avec ceux obtenus avec des cellules mésenchymateuses en différenciation adipogénique montrant également une forte surexpression de *Itga7* (Ullah et al., 2013). De plus ces deux intégrines spécifiques de la pré-adipogenèse pourraient intervenir dans les interactions avec la laminine comme démontré pour le complexe alpha7/béta1 dans les C2C12 (Li et al., 2003).

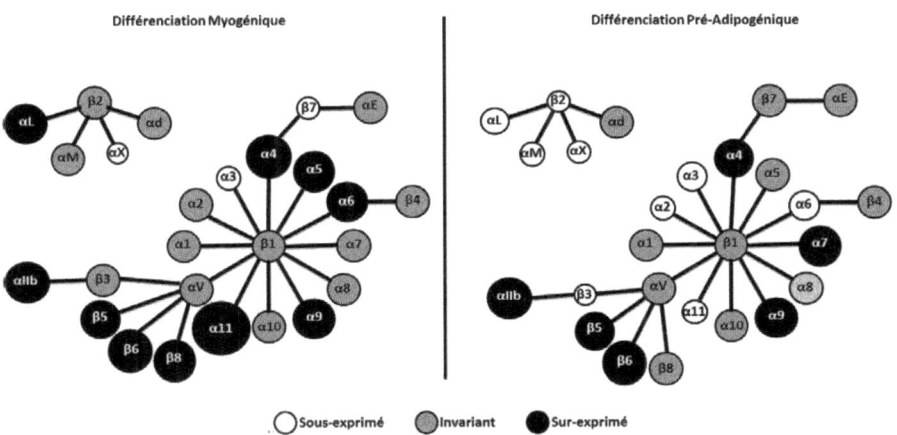

Figure 53. Comparaison de la régulation des intégrines pour les CSM engagées dans les voies de différenciation myogénique ou pré-adipogénique.

Toutes les intégrines sont représentées par des sphères et les liens entre elles symbolisent les possibilités de formation de complexes. Une intégrine représentée en vert est codée par un gène sous-exprimé dans la voie de différenciation indiquée, en bleu par un gène invariant et en rouge par un gène surexprimé. La taille des sphères rend compte du niveau d'expression.

Concernant les autres protéines d'adhésion, nous avons observé une diminution d'expression de *Lgals9*, *Selp* et *Siglecg* codant des protéines de type lectines (respectivement la Galectin 9, P-Selectin et Sialic acid binding Ig-like lectin G). Ce qui peut être corrélé avec l'augmentation d'expression observée pour *Neu2*, codant une neuraminidase qui enlève les acides sialiques terminaux reconnus par la SIGLECG. Nous notons également une augmentation d'expression de *Naga* codant la N-acétyl-galactosaminidase dégradant le motif sur lequel se lie la lectine codée par *Lgals9*. Ceci suggère que les jonctions cellule-matrice dominent sur les interactions cellule-cellule dans la voie adipogénique.

Autre fait remarquable, l'orientation de la cellule vers une perte des *N*-glycanes. En effet, lors de la pré-adipogénèse des CSM, celles-ci surexpriment *N-gly1* codant une enzyme capable de cliver la liaison entre la protéine et le *N*-glycane qu'elle porte. Cette *N*-glycanase 1 prive alors les protéines de toute *N*-Glycosylation. De plus, les CSM engagées en trans-différenciation sous-expriment différents gènes codant pour des enzymes de la voie de biosynthèse des *N*-glycanes. Les gènes *Alg6*, codant une glucosyltransférase impliquée dans la synthèse du précuseur des *N*-glycanes et *Man1a*, dont le produit est une mannosidase agissant sur ce précurseur pour former le cœur du *N*-glycane, sont fortement sous-exprimés. L'extension du *N*-glycane nécessite l'intervention du produit de *Mgat2* (Mannoside acetylglucosaminyltransferase 2) qui se trouve être lui aussi sous-exprimé. Tout ceci additionné à la surexpression d'une fucosidase clivant les fucoses terminaux (la fucosidase 2 codée par *Fuca2*) semblent indiquer que la production et le maintien des *N*-glycanes sont fortement altérés au cours de la pré-adipogenèse. Une étude très récente des *N*-glycanes durant la différenciation de cellules mésenchymateuses a montré qu'il existait plus d'une centaine de variations dans les *N*-glycanes exprimés entre des cellules indifférenciées et des cellules induites en différenciation adipogénique (Hamouda et al., 2013). Une différence intéressante porte sur la diminution de la fucosylation des *N*-glycanes complexes dans les cellules engagées dans la voie adipogénique.

Plus encore que l'inhibition de la biosynthèse de ces structures glycaniques, la diminution d'expression de *Mgat2* pourrait être reliée à la production des KS, puisque l'enzyme codée par ce gène participe à la synthèse du « sucre » de liaison entre les KS de type 1 et les protéoglycanes (*e.g.* : le lumicanne). De plus, nous avons observé une sous expression de *Gcnt3* codant une enzyme impliquée dans la synthèse du *O*-glycane Core 2 servant à la synthèse des KS de type 2. Ces deux observations semblent indiquer que les cellules en pré-adipogenèse ne produisent plus ces structures. Nous avons alors étudié les profils d'expression de tous les gènes impliqués dans la synthèse des KS, c'est-à-dire ceux codant les enzymes impliquées (i) dans la synthèse des sucres de liaison (*Fut8*, *Gcnt2*, *Gcnt3*, *Mgat2*, *St3gal1*, *St3gal2*, *St3gal3* (Beta-galactoside alpha-2,3-sialyltransferase 1, 2 et 3)), (ii) dans l'élongation des kératanes (*B3gnt1*, *B3gnt2*, *B3gnt7*, *B4galt1*, *B4galt2*, *B4galt3*, *B4galt4*) et (iii) dans la sulfatation des kératanes (*Chst1*, *Chst2*, *Chst4* et *Chst5*). Nous avons pu remarquer que la plupart de ces gènes étaient invariants ou sous-exprimés lors de la pré-adipogenèse. A l'inverse, seul *B3gnt7* est sous-exprimé au cours de la myogenèse (Figure 54).

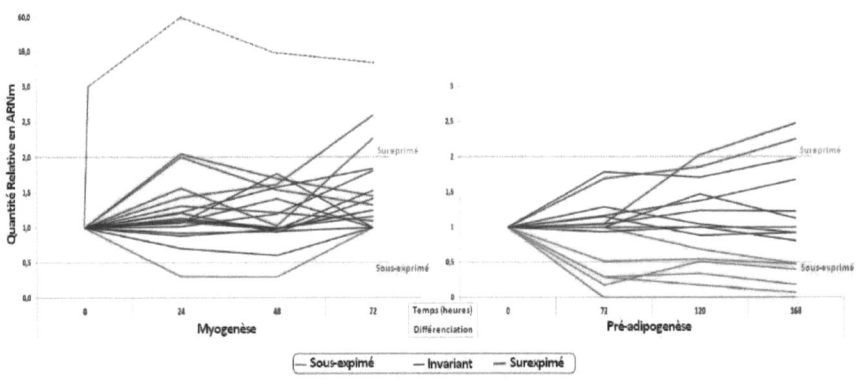

Figure 54. Profils d'expression des gènes dont les produits sont impliqués dans la synthèse des kératanes sulfates lors de la myogenèse et de la pré-adipogenèse.

Les données d'expression ont été collectées pour tous les gènes dont les produits servent à la synthèse et à la sulfatation des kératanes au cours des différenciations myogénique et adipogénique. Les profils sont représentés en : vert : sous-expression ; bleu : pas de variation significative ; rouge : surexpression.

De la même façon, *Has2*, codant pour une hyaluronane synthase, est surexprimé au cours de la myogenèse et sous-exprimé lors de la trans-différenciation adipocytaire. En lien avec ce résultat, nous avons observé que *Hyal1* (Hyaluronidase 1) est surexprimé dans cette seconde voie. Sachant que le produit de ce gène dégrade les hyaluronanes, il est évident que la cellule supprime ces structures glycaniques de son environnement. Les glycosaminoglycanes dégradés le sont certainement au profit d'autres, tel que les héparanes sulfates. En effet, nous avons pu détecter la surexpression de gènes *Hst3st3a1*, *Hs3st3b1* (Heparan sulfate 3-O-sulfotransferase 3A1 et 3B1) et *Hs6st3* (Heparan-sulfate 6-O-sulfotransferase 3) dont les produits réalisent la sulfatation des héparanes. Il existe donc un réel « switch » entre les protéoglycanes présents au sein de la MEC entre les voies adipogénique et myogénique. Afin de vérifier l'implication des intégrines et des KS au cours du processus myogénique nous avons souhaité observer l'incidence de la dérégulation de gènes codant pour une intégrine ou codant pour une enzyme de la voie de synthèse des KS. Aussi nous avons choisi parmi les gènes surexprimés, ceux dont les variations étaient les plus importantes : *Itga11* codant la sous-unité intégrine alpha 11 et *Chst5* codant une sulfotransférase intervenant dans la synthèse des KS de type 1.

Diminuer l'expression d'Itga11 inhibe la fusion cellulaire

Knock-down d'*Itga11* par shRNA

Pour valider notre approche, nous avons réduit l'expression d'*Itga11*, codant une sous-unité d'intégrine. *Itga4* a également été utilisé comme contrôle positif compte tenu de son implication avérée dans le processus de fusion cellulaire (Cachaço et al., 2005). La répression génique a été effectuée en utilisant des shRNA dirigés contre ces deux gènes sur les C2C12 et les CSM 24h avant l'induction de la différenciation myogénique. Le contrôle négatif est apporté par un shRNA sans cible murine. Quatre shRNA ont été testés pour *Itga11* et trois pour *Itga4* afin de sélectionner ceux qui nous permettent d'obtenir la meilleure inhibition possible sur les deux types cellulaires (Figure 55).

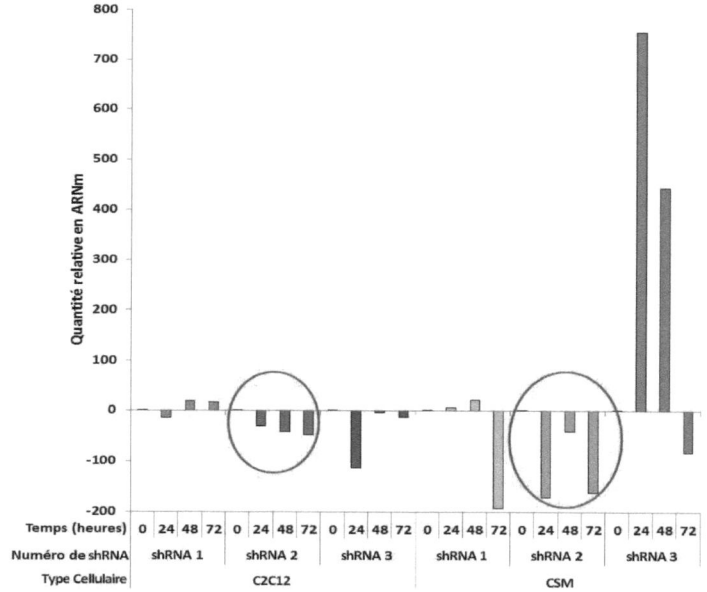

Figure 55. Sélection du shRNA anti-*Itga4* le plus efficace sur les deux types cellulaires.
Les quantités relatives d'ARNm d'*Itga4* ont été déterminées toutes les 24h dans des cultures de C2C12 et de CSM induites en différenciation myogénique et traitées avec différents shRNA anti-*itga4*. Le shRNA ayant la meilleure répression sur les deux types cellulaires a été sélectionné (entouré en rouge).

L'effet de tous les shRNA à également été contrôlé sur les cinétiques ayant servi à calculer les indices de fusion (Figure 56). Les résultats du contrôle négatif ont montré que le shRNA induisait une surexpression d'Itga11 avant différenciation, cependant elle n'affecte pas la capacité de fusion des cellules (Figure 57). Les cellules transfectées avec les shRNA dirigés contre *Itga11* ou *Itga4* montrent une forte diminution d'ARNm pour ces deux gènes aussi bien pour les C2C12 que pour les CSM (Figure 56). Ceci engendre un nombre plus faible de myotubes observés dans les cultures traitées après 72h de différenciation myogénique ainsi qu'un nombre plus réduit de noyaux par myotube (Figure 57). Ceci semble indiquer un défaut de fusion des cellules C2C12 et plus encore des cellules satellites lorsque celles-ci présentent un défaut d'expression du gène *Itga11*.

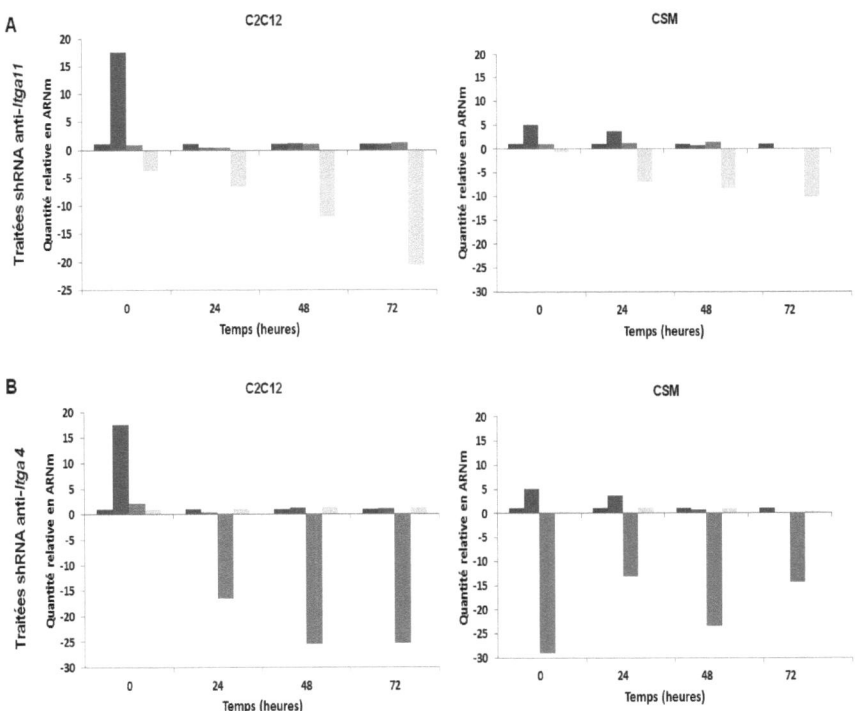

Figure 56. Vérification de l'effet ou non des différents traitements par shRNA sur l'expression d'Itga11.
Les quantités relatives de *Itga4* et *Itga11* ont été mesurées toutes les 24h, en conditions de différenciation myogénique pour les cultures non traitées (violet foncé), traitées avec le shRNA contrôle négatif (violet) ou avec les shRNA pour *Itga4* (violet clair) ou *Itga11* (rose).

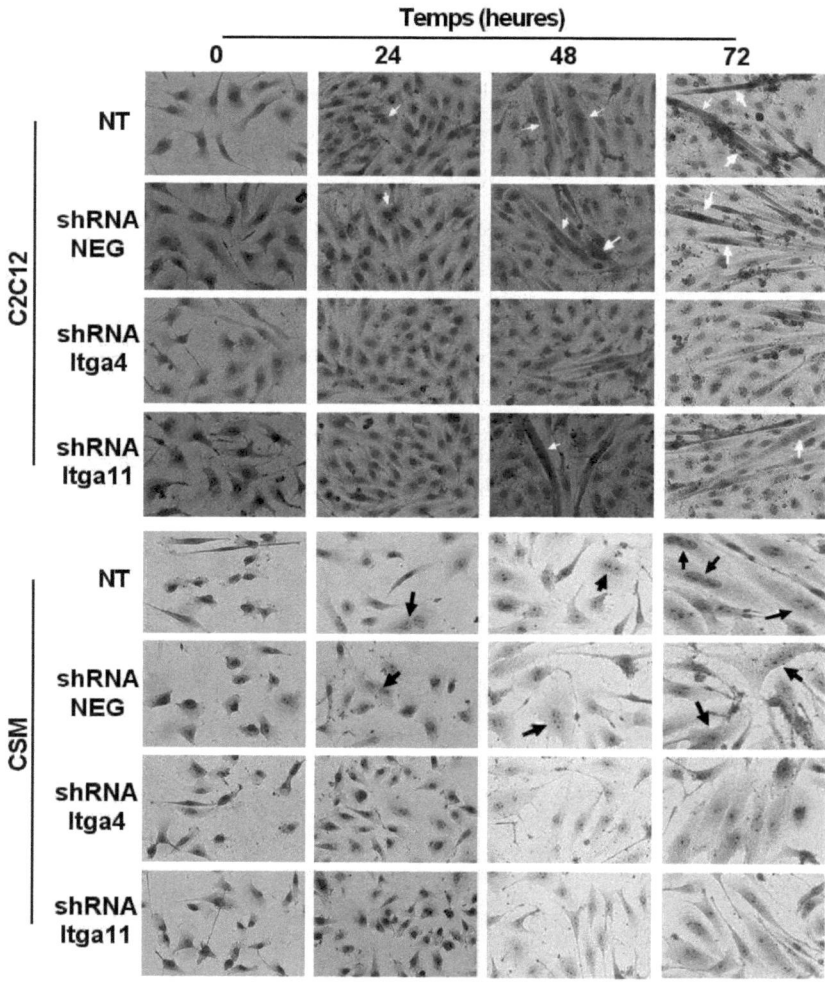

Figure 57. Les knock-down d'*Itga4* et d'*Itga11* réduisent le nombre de myotubes observés.
Cultures de C2C12 et CSM en différenciation myogénique : non traitées (NT), traitées avec un plasmide contenant un shRNA sans cible dans le génome murin (NEG), traitées avec un plasmide contenant un shRNA pour *Itga4I* (shRNA Itga4) ou avec un plasmide contenant un shRNA pour *Itga11* (shRNA Itga11). Les photos ont été prises toutes les 24h après coloration à l'hématoxyline/éosine. Grossissement x400. Les flèches pointent les myotubes.

Les pourcentages de fusion, obtenus pour les cultures de C2C12 et CSM non traitées ou traitées avec le shRNA servant de contrôle négatif, ne présentent pas de différence significative entre ces deux conditions tout au long de la cinétique (Figure 58). Les C2C12 traitées avec les shRNA contre les sous-unités intégrines étaient semblables aux cultures contrôles durant les 24 premières heures. Après quoi une légère différence est apparue à partir de 48h de différenciation, celle-ci augmente considérablement à 72h allant jusqu'à une diminution de 50% et de 75% de la fusion en présence des shRNA respectivement dirigés contre *Itga11* et *Itga4*. Concernant les CSM, nous avons observé une inhibition significative de la fusion dès 24h de différenciation ; les indices de fusion n'ayant jamais dépassé 2,5% au cours des 72h de différenciation dans les cultures traitées avec l'un ou l'autre des shRNAs (Figure 58).

Par conséquent, il est évident que l'expression du gène *Itga11* est requise pour la fusion myoblastique et les différences observées entre les deux types cellulaires pourraient s'expliquer par la présence non négligeable d'Itga11 pour les C2C12 avant différenciation. En effet au temps t = 0h de différenciation nous avons observé une différence de 6 entre les Ct obtenus pour *Itga11* avec les C2C12 et avec les CSM, correspondant à 64 fois plus de transcrits de ce gène dans les C2C12 que dans les CSM.

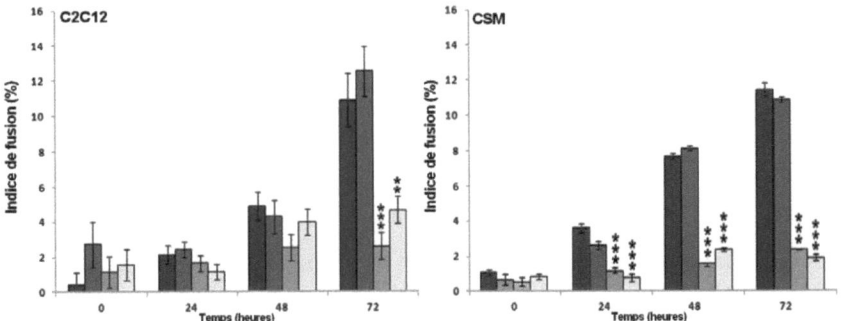

Figure 58. Le knock-down d'*Itga11* inhibe la fusion cellulaire.
Les indices de fusion des C2C12 et des CSM, ensemencées à 5×10^3 cellules/cm², ont été comparés toutes les 24h après induction de la différenciation myogénique. Les cultures non traitées (violet foncé) et traitées avec le shRNA contrôle négatif (violet) ne montrent aucune différence entre elles. Des différences significatives apparaissent pour les cultures traitées avec les shRNA pour *Itga4* (violet clair) et *Itga11* (rose). L'erreur standard a été calculée grâce au triplicata réalisé et un t-test de Student a permis de déterminer la significativité des différences entre les cultures contrôles et testées (**p<1% ; ***p<0,1%).

L'inhibition d'*Itga11* n'influe pas sur l'initiation du programme de différenciation myogénique.

Dans le but de déterminer l'influence que pouvait avoir la diminution d'*Itga11* sur les MRFs, nous avons suivi leur expression au cours des 72h d'une cinétique de différenciation de cellules traitées par un shRNA dirigé contre *Itga11*. Après 24h sous condition de différenciation, nous pouvons observer une forte augmentation de l'expression de *MyoG*, ce qui démontre que les cellules se sont bien engagées dans la voie de différenciation myogénique (Figure 59). *Myf5* et *MyoD* ne montrent aucune variation significative d'expression alors qu'ils sont généralement responsables de l'induction de la différenciation et donc surexprimés en amont de *MyoG*. L'expression de *Myf6* ne varie pas significativement au cours des 72h, symbole de l'absence de fusion des cellules dans les cultures traitées par le shRNA contre *Itga11* (Figure 59).

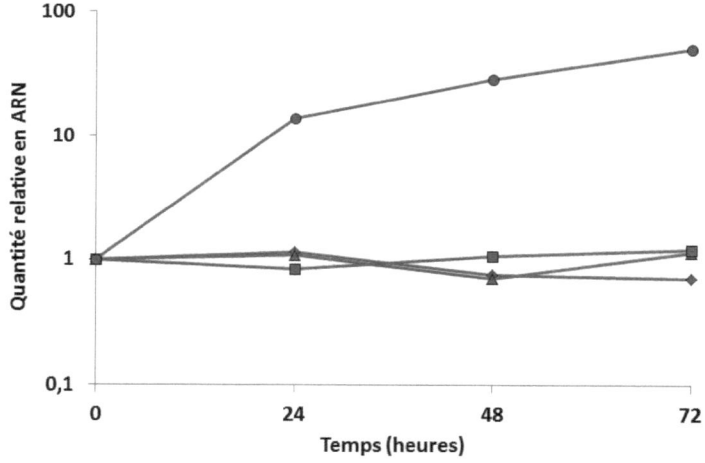

Figure 59. Expression de MRFs au cours de la différenciation de CSM traitées par shRNA anti-*Itga11*.
Les cellules satellites murines ont été ensemencées à 5×10^3 cellules/cm² sur boites de Pétri préalablement recouvertes de Matrigel™. L'expression des quatre MRFs(*MyoG* (ronds), *MyoD1* (carrés), *Myf5* (losanges), *Myf6* (triangles)) a été mesurée toutes les 24 heures durant la différenciation des cellules satellite en myotubes.

La neutralisation d'ITGA11 par traitement anticorps induit une inhibition partielle de la fusion cellulaire.

Nous avons contrôlé la corrélation entre le niveau d'expression du gène *Itga11* et la quantité de protéine ITGA11 retrouvée dans une culture de CSM par western blot. Nous avons observé qu'ITGA11 était indétectable avant différenciation mais que sa quantité augmentait fortement durant la différenciation (Figure 60). Ce résultat est en accord avec le taux d'ARNm retrouvé dans les cellules (Tableau 6).

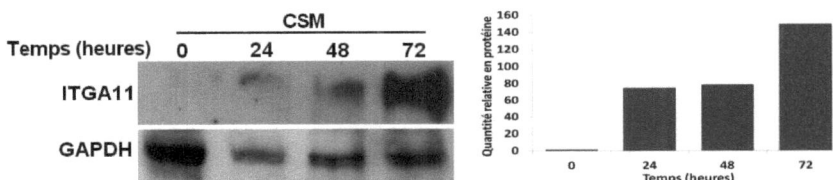

Figure 60. Détection par western blot de la protéine ITGA11 au cours de la myogenèse.
Les protéines totales ont été extraites de cultures de CSM, lors de l'induction (0h) et durant la différenciation myogénique (24h, 48h et 72h après induction). La quantité de protéine ITGA11 a été révélée par western blot, la GAPDH est utilisée comme référence et les quantités relatives de protéine ITGA11 pour chaque point par rapport à la quantité à 0h est indiqué à droite.

La neutralisation d'ITGA11 par traitement avec des anticorps spécifiques a été réalisée sur des cultures de cellules satellites. Après trois jours de traitement, soit par des anticorps anti-ITGA11 ou anti-ITGA4 (contrôle positif) et des anticorps isotypiques (contrôle négatif), nous avons pu observer une diminution de l'indice de fusion d'environ 65% dans le cas de cultures traitées par un seul des anticorps anti-intégrines. Nous avons également effectué un traitement d'une culture de CSM en ajoutant simultanément, dans le milieu, les anticorps dirigés contre ITGA11 et ITGA4. La présence des deux anticorps entraîne une diminution de 90% de la fusion après 72h de différenciation (Figure 61). Ces résultats nous indiquent que les intégrines ont bien une influence positive sur la fusion cellulaire et que ITGA4 et ITGA11 auraient des effets différents sur la myogenèse.

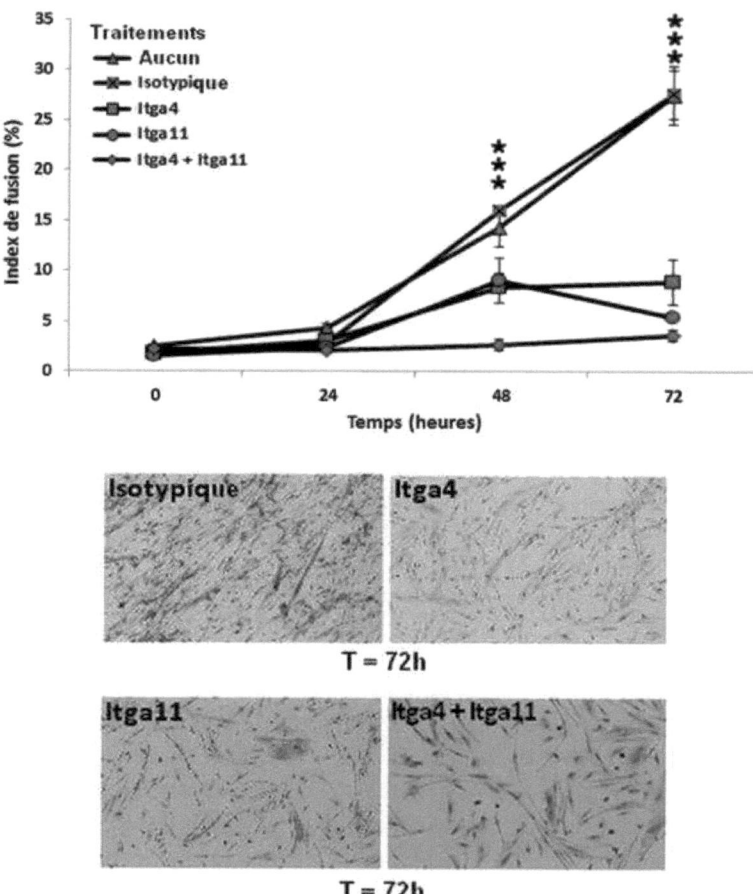

Figure 61. Le traitement par des anticorps anti-ITGA4 et anti-ITGA11 induit une inhibition de la fusion.

Les expériences ont été réalisées sur des CSM ensemencées sur des boites traitées au Matrigel^{TM} et au moment de l'induction de la différenciation les anticorps sont rajoutés au milieu de culture. Les cellules ont été, non traitées, traitées avec les anticorps isotypiques comme contrôle négatif, traitées avec les anticorps anti-ITGA4 comme contrôle positif, traitées avec les anticorps anti-ITGA11 ou traitées avec les anticorps anti-ITGA4 et anti-ITGA11 simultanément. La significativité a été déterminée par t-test de Student sur des triplicatas conduits simultanément (barre d'erreur standard). *** indiquent les temps pour lesquels il y a une différence significative entre les cultures non traitées et les tests de neutralisation, p<0,1%. Les photos ont été prises après coloration à l'hématoxyline/éosine ; elles montrent des champs représentatifs des cultures traitées par des anticorps isotypiques, anti-ITGA4 et/ou anti-ITGA11, après 72h sous conditions de différenciation myogénique. Grossissement x100.

Diminuer l'expression de Chst5 diminue la fusion

Knock-down de *Chst5*

De la même façon que pour *Itga11* nous avons procédé à l'inactivation de *Chst5*. Nous avons testé quatre shRNA anti-*Chst5*. Les effets observés sur l'expression du gène cible dans des cultures de CSM traitées sont présentés Figure 62. Tous les shRNA testés ont montré un fort effet de répression sur *Chst5* dès 24h avec une sous-expression d'au moins 20 fois. Le shRNA numéro 4 ayant l'effet le plus marqué, celui-ci a été sélectionné pour la suite de l'étude.

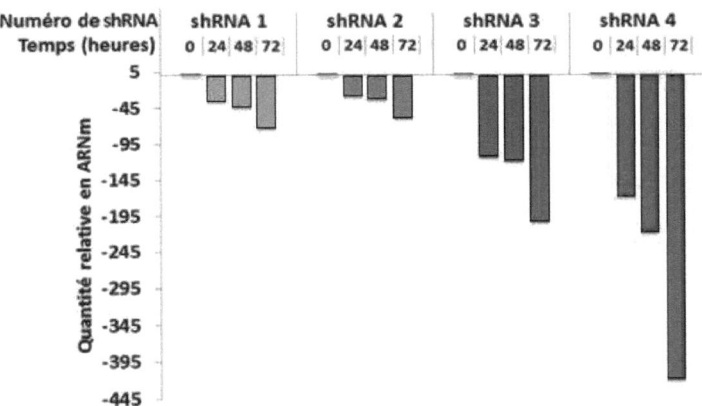

Figure 62. Sélection du shRNA anti-*Chst5* présentant l'effet le plus important sur les CSM.
Des cultures de CSM ont été traitées par quatre shRNA anti-*Chst5* différents et l'expression de *Chst5* a été mesurée lors de l'induction de la différenciation myogénique (0h) puis toutes les 24h au cours d'une cinétique de différenciation de 72h.

Nous avons ensuite procédé à plusieurs cinétiques de différenciation de CSM en présence de shRNA dirigés contre *Chst5*, en parallèle de cultures non traitées ou traitées avec le shRNA contrôle négatif. Le shRNA dirigé contre *Itga11* a servi de contrôle positif dans cette nouvelle étude. Nous constatons que pour les cellules, non traitées ou traitées avec le shRNA contrôle négatif, des myotubes apparaissent dès 48h de différenciation (Figure 63A). A 72h, ces myotubes possèdent un grand nombre de noyaux et ont un diamètre conséquent.

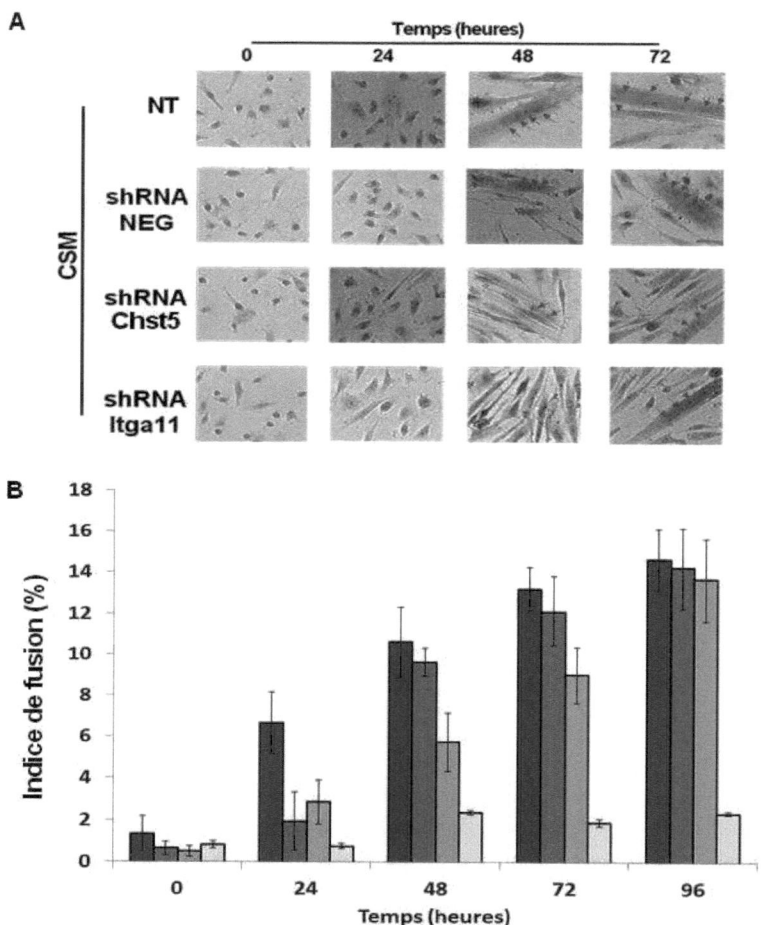

Figure 63. Le knock-down de *Chst5* inhibe la fusion cellulaire.
A. Cultures de CSM en différenciation myogénique : non traitées (NT), traitées avec un plasmide contenant un shRNA sans cible dans le génome murin (NEG), traitées avec un plasmide contenant un shRNA anti-*Chst5* (Chst5) ou avec un plasmide contenant un shRNA anti-*Itga11* (Itga11). Les photos ont été prises toutes les 24h après coloration à l'hématoxyline/éosine. Grossissement x400. Les flèches rouges pointent les noyaux dans les myotubes. B. Les indices de fusion des C2C12 et des CSM, ensemencées à 5×10^3 cellules/cm², ont été quantifiés toutes les 24h après induction de la différenciation myogénique. Les cultures non traitées (violet foncé) et traitées avec le shRNA contrôle négatif (violet) ne montrent aucune différence significative entre elles. Des différences significatives apparaissent pour les cultures traitées avec les shRNA pour *Chst5* (violet clair) et *Itga11* (rose). L'erreur standard a été calculée grâce au triplicata réalisé.

En revanche, les cellules traitées avec les shRNA contre *Chst5* présentent un retard de fusion et les myotubes possèdent moins de noyaux à 72h ; ce phénomène est également observé à un degré supérieur lorsque les cellules ont été traitées avec le shRNA contre *Itga11* (Figure 63A). A 48h les cellules se sont alignées les unes par rapport aux autres, mais ne fusionnent pas ou peu. La présence des shRNA dirigés contre *Chst5* aurait donc comme conséquence de ralentir ou de retarder la fusion (Figure 63B). Les pourcentages de fusion à 72h montrent que les cellules traitées par le shRNA anti-*Chst5* possèdent environ un tiers de moins de fusion par rapport aux contrôles. En présence de shRNA contre *Itga11*, la fusion ne dépasse pas les 2% comme nous avions pu le voir précédemment.

L'expression de la protéine CHST5 est diminuée par le Knock-down

Suite à nos observations sur les cultures de CSM traitées par shRNA anti-*Chst5* nous avons décidé d'analyser les quantités de protéine CHST5 présentes aux différents stades étudiés. Les protéines totales ont été extraites pour des cultures CSM traitées ou non par shRNA contre *Chst5* avant (temps 0h) et pendant la différenciation myogénique (24h, 48h et 72h). La quantité de CHST5 pour chaque culture et chaque temps a ensuite été déterminée par western blot (Figure 64A). La GAPDH a servi de référence et a permis le calcul des quantités relatives (Figure 64B). Nous observons pour les cultures non traitées une augmentation de la quantité de CHST5 à 24h, plus importante à 48h, avant une diminution à 72h de différenciation. Ce profil est en corrélation avec les taux de transcrits retrouvés dans ces mêmes cultures. Nous observons très nettement que l'expression de la protéine CHST5 est diminuée dans les cultures traitées par un shRNA anti-*Chst5*. Cependant le même type de profil est conservé. L'action du shRNA ne semble pas suffisante pour inactiver tous les transcrits. Ceci conduit à la production d'une quantité de CHST5 supérieure à la quantité retrouvée avant différenciation, pouvant permettre à certaines cellules de fusionner. Ceci expliquant l'apparition à 48h de différenciation de petits myotubes, observables dans les cultures traitées par le shRNA contre *Chst5* (Figure 63A). Ce phénomène pourrait aussi expliquer le retard de fusion généré par ce traitement et non une forte inhibition comme observée pour les cultures traitées par le shRNA anti-*Itga11*. En effet, si une quantité suffisante de CHST5 est produite pour permettre à certaines cellules de fusionner, alors celles-ci continueront de se différencier malgré la diminution de CHST5 à 72h. Puisqu'une diminution de la quantité de CHST5 est également observée à 72h dans les cultures non traitées, nous pouvons imaginer que CHST5 serait plutôt requise pour initier l'entrée des CSM en différenciation myogénique.

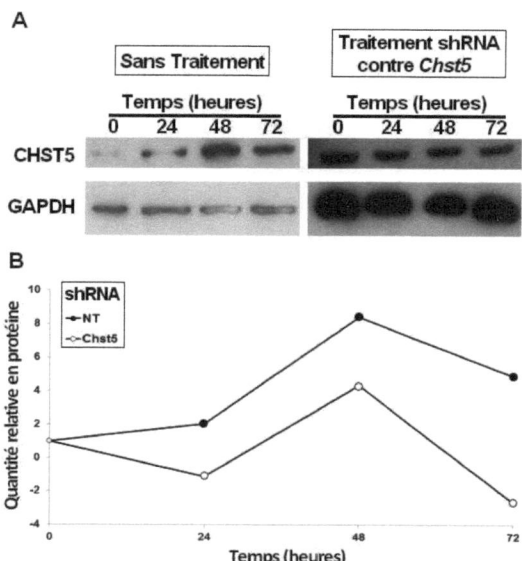

Figure 64. Variation du taux de CHST5 au cours de la différenciation des CSM en absence ou en présence du shRNA anti-*Chst5*.

A. Western blot réalisé sur extrait de protéines totales avant (0 heure) et pendant la différenciation myogénique (24, 48, 72 heures) de cultures traitées ou non par le shRNA dirigé contre *Chst5*. La GAPDH a servi de référence. B. Quantité relative de protéine par rapport à la quantité présente avant différenciation (0 heure), pour chaque temps de différenciation de cultures non traitées (en noir) ou traitées (en blanc) par le shRNA dirigé contre *Chst5*.

L'inactivation de l'expression de *Chst5* ne modifie pas le programme myogénique

Afin de voir si le retard de fusion serait lié à un défaut de signalisation interne au processus myogénique, nous avons suivi l'expression des facteurs de régulation myogéniques au cours de nos expériences. En absence de cible, le simple traitement par shRNA ne modifie pas le programme myogénique (Figure 65). En effet, nous constatons une augmentation importante de l'expression de *MyoG* jusqu'à 24h, augmentation caractéristique de l'activation de la différenciation. Le facteur *Myf6* est, quant à lui, exprimé au fur et à mesure de la fusion des cellules. *Myf5* et *MyoD1* ne montrent aucune variation significative au cours de la différenciation, ils sont généralement surexprimés plus précocement encore que *MyoG* (Figure 65). Les profils d'expression des MRFs dans les cultures traitées avec le shRNA contrôle négatif ne présentent donc pas de différence notable avec ceux obtenus pour les cultures non traitées, ceci indique que les conditions de traitement seules n'affectent pas le programme de différentiation myogénique. Pour la cinétique traitée par le shRNA anti-*Chst5*, nous observons que l'expression des facteurs *Myf5*, *MyoG* et *MyoD1* ne diffère pas des contrôles. En revanche, le facteur *Myf6* a une expression qui augmente plus tardivement et plus brutalement (Figure 65). Cette augmentation importante de son expression apparait au-delà des 48h dans les cultures traitées par shRNA dirigé contre *Chst5* en condition de différenciation. Elle semble liée à l'apparition tardive des myotubes dans ces mêmes cultures. L'expression des MRFs confirme que les cellules s'engagent bien dans le processus de différenciation myogénique, expliquant l'alignement des cellules. Cependant elles présenteraient des difficultés à fusionner, et de ce fait un retard de fusion par rapport aux cultures non traitées.

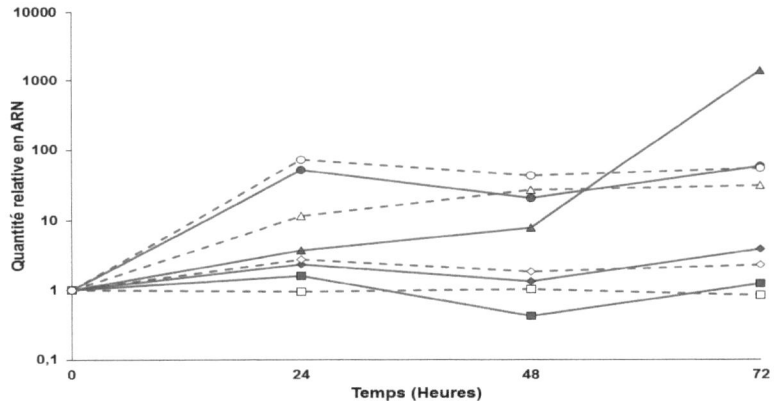

Figure 65. Expression de MRFs au cours de la différenciation de CSM traitées par le shRNA anti-*Chst5*.
Les cellules satellites murines ont été ensemencées à $5x10^3$ cellules/cm² sur boites de Pétri préalablement recouvertes de Matrigel™. L'expression des quatre MRFs a été mesurée toutes les 24 heures (*MyoG* (ronds), *MyoD1* (carrés), *Myf5* (losanges), *Myf6* (triangles)) durant la différenciation des cellules satellites en myotubes pour des cultures traitées par le shRNA anti-*Chst5* (ligne continue) ou par un shRNA sans cible murine (NEG ; ligne pointillée).

Initiation des travaux sur l'influence des kératanes sulfates sur la fusion des CSM.

Pour observer les variations du taux de 6-O-sulfatation des KS présents au niveau de la matrice extracellulaire des CSM en culture primaire. Nous avons réalisé un dosage des GAGs totaux et des GAGs sulfatés après traitement par une endo-β-galactosidase produite par Bacteroides *fragilis* (Cf §Matériel et méthodes). Cette enzyme dégrade les disaccharides des KS au niveau du résidu GlcNAc sulfaté. En revanche, elle ne clive pas les résidus non sulfatés. La différence calculée entre le premier dosage (avant traitement enzymatique) et le second (après traitement enzymatique) nous donne une indication sur la variation de la sulfatation des kératanes par CHST5 au cours de la différentiation myogénique. On observe une augmentation des GAGs sulfatés totaux dans les 24 premières heures de différenciation (résultats non montré). Parmi eux, les kératanes dont le GlcNAc serait 6-O-sulfatés représenteraient 16,4% des GAGs totaux à 24h de différenciation. Ceci n'étant encore que des résultats préliminaire nous dirons que la surexpression du gène et de la protéine CHST5 conduit à une augmentation des kératanes 6-O-sulfatés au moins à 24h de différenciation.

L'Alpha-dystroglycane et son phospho-mannosyl-glycane lors de la différenciation et de la trans-différenciation des CSM

A l'heure actuelle, nous connaissons l'implication de l'alpha-dystroglycane dans les interactions cellule-matrice, ainsi que les nombreuses dystrophies provoquées par son absence ou l'absence de certains motifs glycaniques qu'il porte. Comme nous avons pu le voir dans le Tableau 3, la mutation du gène *DAG1* codant cette protéine, engendre une atteinte grave du maintien du muscle squelettique (Hara et al., 2011). Des défauts de liaisons avec la laminine ont très souvent été identifiés dans le cas de dystrophies liées à l'alpha-dystroglycane. Cette liaison nécessite la présence d'un glycane particulier qui est phosphorylé ; chez certains patients, présentant une protéine incapable de lier la laminine, des mutations ont été retrouvées sur des gènes dont les produits sont alors soupçonnés d'intervenir dans la synthèse du motif phosphorylé. Parmi ces gènes, nous retrouvons *FKTN* et *FKRP*, codant respectivement pour la fukutine et une protéine qui lui est reliée (Kobayashi et al., 1998; Brockington et al., 2001), nous retrouvons également *GTDC2* dont le produit contient un domaine glycosyltransférase (Manzini et al., 2012) ainsi que *TMEM5* et *ISPD* codant respectivement pour une enzyme de fonction inconnue et une autre impliquée dans la synthèse d'isoprénoïdes, plus difficile à relier à la synthèse glycanique (Roscioli et al., 2012; Vuillaumier-Barrot et al., 2012). Basés sur ces constats, nous avons décidé d'étudier l'expression des cinq homologues de ces gènes chez la souris au cours de la différenciation des CSM, ainsi que l'expression du gène murin de l'alpha-dystroglycane. En effet, si les produits de ces gènes sont bien impliqués dans la glycosylation de l'alpha-dystroglycane alors leur expression devrait suivre celle de ce dernier. Les résultats du suivi lors d'une cinétique de différenciation myogénique de 96h sont présentés Figure 66.

Nous observons une nette augmentation de l'expression de *Dag1* dès 24h de différenciation pour atteindre une surexpression d'environ six fois son expression initiale. Á partir de 72h, l'expression de *Dag1* diminue d'un tiers en moyenne. Concernant les gènes dont les produits sont potentiellement impliqués dans l'élaboration du phospho-glycane porté par l'alpha-dystroglycane, les profils d'expressions des gènes *Fkrp*, *Gtdc2* et *Ispd* sont relativement similaires. En effet, ces trois gènes présentent une surexpression d'au moins un facteur 2 pendant les 72 premières heures. A 96h ces gènes ne sont plus significativement surexprimés. Les deux gènes restant ont des profils uniques, *Tmem5* a une expression qui ne varie quasiment pas alors que *Fktn* est fortement surexprimé de manière croissante entre 24h et 72h puis plus faiblement à 96h.

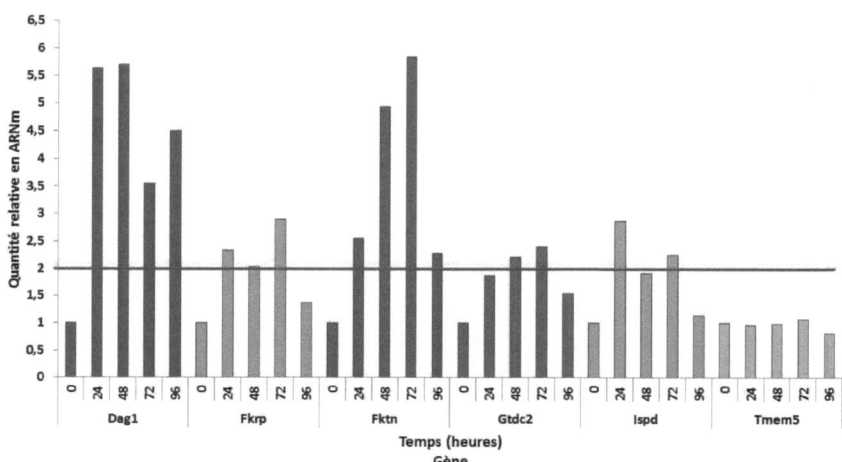

Figure 66. Suivi de l'expression de *Dag1* et des gènes dont les produits seraient impliqués dans l'élaboration du phospho-mannose au cours de la myogenèse de CSM.
Les cellules satellites murines ont été ensemencées à 5×10^3 cellules/cm² sur boites de Pétri préalablement recouvertes de Matrigel™. Les cellules ont été engagées dans le processus myogénique par privation de sérum pendant 96h. L'expression des gènes *Dag1*, *Fkrp*, *Fktn*, *Gtdc2*, *Ispd* et *Tmem5* a été mesurée toutes les 24 heures. Le seuil de significativité est indiqué en rouge.

Mis à part le gène *Tmem5* dont l'expression reste constante, les autres gènes suivent la surexpression de *Dag1*. Bien que restant surexprimés à un niveau plus faible que celui de *Dag1*, nous pouvons supposer que les produits de ces gènes sont bien impliqués dans la formation du glycane phosphorylé permettant la liaison de l'α-DG à la laminine, ce lien jouant alors un rôle capital dans la formation des myotubes puis des myofibres. Cependant, les produits de ces gènes n'étant pas de prime abord considérés comme de véritables glycosyltransférases, reste en suspens la possibilité d'un autre rôle dans la myogenèse que celui de la *O*-mannosylation de l'α-DG. Nous avons alors souhaité connaitre le comportement de ces gènes lors de la différenciation adipogénique des cellules satellites murines. Cette différenciation met en place des mécanismes bien différents de ceux utilisés par la cellule lors de la myogenèse, et constitue donc un contrôle idéal pour savoir si les gènes d'intérêt possèdent un rôle annexe à celui de la glycosylation de l'α-DG. Nous avons alors suivi leur expression au cours d'une cinétique de 168h de trans-différenciation des CSM en pré-adipocytes (Figure 67).

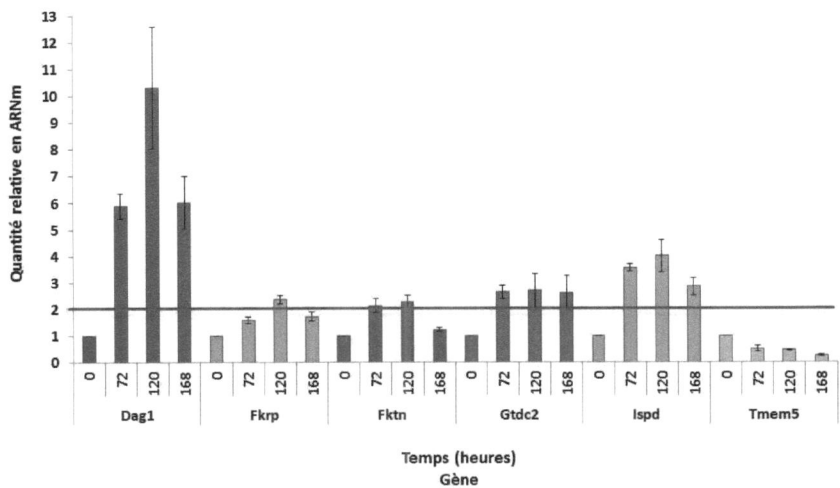

Figure 67. Suivi de l'expression de *Dag1* et des gènes dont les produits seraient impliqués dans la synthèse du phospho-mannosyl-glycane au cours de la pré-adipogénèse des CSM.
Les cellules satellites murines ont été ensemencées à 5×10^3 cellules/cm² sur boites de Pétri préalablement recouvertes de Matrigel™. Les cellules ont été engagées dans le processus pré-adipogénique par ajout d'une forte quantité de glucose dans le milieu, la concentration en glucose est ensuite maintenue pendant les 168h de cinétique. L'expression des gènes *Dag1*, *Fkrp*, *Fktn*, *Gtdc2*, *Ispd* et *Tmem5* a été mesurée en prolifération (0h) puis à 72, 120 et 168 heures de différenciation. Cette expérience a été réalisée en duplicata (barres d'erreur). Le seuil de significativité est indiqué en rouge.

Pour le gène codant l'alpha-dystroglycane, nous constatons que son expression augmente après 72 heures de trans-différenciation avec une quantité relative de transcrits de presque six fois la quantité initiale. De manière plus surprenante son expression continue à augmenter, atteignant une valeur moyenne d'expression d'environ dix fois celle observée en prolifération (0h). Après 168 heures, le taux d'ARNm de *Dag1* est toujours plus élevé que celui observé après 72h de différenciation myogénique, cependant le profil d'expression observé pour ce gène reste proche de celui observé au cours de la myogenèse. Les niveaux d'expression des gènes *Fkrp*, *Gtdc2*, *Fktn* et *Ispd* sont très similaires, tous montrent une surexpression oscillant autour de 2 - 2,5 voire 4 pour *Ispd*. Excepté pour *Fktn*, leur niveau d'expression reste supérieur ou égal à 2 au cours des 168h de trans-différenciation. Le dernier gène, *Tmem5*, offre cette fois une variation mais négative. En effet, celui-ci est sous-exprimé dès le premier temps de différenciation et son expression continue de diminuer jusqu'à ce qu'elle ne soit plus que le quart de ce qu'elle était au temps 0h. Ces résultats semblent donc indiquer que les gènes *Fkrp*, *Fktn*, *Gtdc2* et *Ispd* ainsi que leurs produits sont bien reliés à la synthèse du phospho-mannosyl-glycane porté par l'alpha-dystroglycane et non pas uniquement à la myogenèse. La présence de l'alpha-dystroglycane a été observée au niveau des différents tissus (Dixon et al., 1997). Ceci nous permet de supposer que sa glycosylation complète ne serait pas requise pour l'entrée en différenciation des cellules qui le portent, mais qu'elle serait nécessaire par la suite pour leur organisation spatiale. La sous-expression de *Tmem5* nous amène simplement à penser que son produit n'est pas favorable à la pré-adipogénèse des CSM.

Conclusions et perspectives

La myogenèse requiert de nombreux changements, tant au niveau de la surface de la cellule qu'au niveau de son environnement. Janot *et al.*(Janot et al., 2009) avaient identifiés 37 gènes reliés à la synthèse glycanique ou à des glyco-protéines d'adhésion dont l'expression variait fortement au cours de la différenciation myogénique de cellules de la lignée myoblastique murine C2C12. Cependant, les cellules C2C12 étant des cellules transformées immortelles, nous pouvons imaginer qu'un certain nombre des variations observées pourrait être lié à l'immortalisation. De même, l'étude de la différenciation myogénique des C2C12 n'exclut pas les gènes qui seraient régulés de la même façon dans d'autres processus de différenciation et donc ne seraient pas spécifiques à la myogenèse. Partant de ces constats, nous avons décidé de poursuivre les études sur les gènes reliés à la glycosylation et à l'adhésion, en utilisant comme modèle cellulaire les cellules satellites murines (CSM). Le choix de ce modèle cellulaire et de la culture primaire permet de se rapprocher de l'*in-vivo*. Il apporte également l'opportunité de pouvoir comparer pour les mêmes cellules, les variations observées pour ces gènes lorsqu'elles sont engagées dans différentes voies de différenciation. En effet, la cellule satellite conserve une multipotence lui permettant de se différencier en myotubes mais aussi de se trans-différencier en pré-adipocyte ainsi qu'en ostéoblaste. La voie adipogénique a été utilisée dans cette étude.

En comparant les variations d'expression des gènes lors de la myogenèse et de la pré-adipogenèse, nous avons identifié 67 gènes spécifiques à la différenciation myogénique des CSM. Nous avons également pu mettre en évidence 72 gènes dont l'expression ou la variation était spécifique de la trans-différenciation. Concernant la myogenèse, le crible des gènes impliqués dans cette voie a été affiné par une comparaison avec les résultats obtenus par Janot *et al.*. Au final, ce sont 31 gènes qui ont été retenus comme spécifiquement régulés au cours de la différenciation myogénique des CSM. L'étude des fonctions de tous leurs produits, impliqués dans l'une ou l'autre des voies de différenciation, montre la nécessité d'un remodelage important de la MEC pour que la cellule s'engage dans une voie plutôt qu'une autre. De même il apparait que les protéines d'adhésion joueraient un rôle important. Nous avons également remarqué que des gènes identifiés lors de l'étude menée par Janot et al., et dont les produits sont impliqués dans la synthèse des glycolipides, ont également été reliés à la trans-différenciation et donc non spécifiques à la myogenèse. Suite à toutes ces observations, nous avons pu émettre des hypothèses concernant la régulation de la différenciation des CSM.

La différenciation myogénique des CSM requiert une surproduction de kératanes sulfates et des protéines d'adhésion

Remodelage de la MEC

Au cours de la myogenèse, nous avons pu constater une régulation importante des gènes impliqués dans la synthèse et la modification des structures glycaniques. Quatorze des trente-et-un gènes impliqués dans le processus myogénique codent des produits dont la fonction est reliée à l'ajout ou à la modification de structure glycanique. Plus de la moitié d'entre eux est responsable de la synthèse de composants matriciels, ce sont *B4Galt1*, *Chst5*, *Chst12*, *Cmah*, *Galntl1*, *Gcnt2*, *Has1* et *Has2*. Tous ces gènes sont surexprimés au cours de la différenciation myogénique des CSM, en particulier *Chst5* avec des valeurs de surexpression de plusieurs dizaines de fois. Ce dernier est impliqué dans la sulfatation des kératanes qui sont portés par des composants de la matrice extracellulaire comme le lumicanne (Chakravarti et al., 1998). En regardant la synthèse des KS, celle-ci peut se diviser en deux grandes parties. L'élaboration de la chaine des kératanes ainsi que sa sulfatation et la synthèse du glycane de liaison tel que le *O*-glycane core 2. Nous avons observé une surexpression de *B4Galt1* et de *Chst5* dont les produits sont impliqués respectivement dans l'élongation et la sulfatation de la chaine des KS. De même pour la synthèse du *O*-glycane core 2, deux enzymes de cette voie de synthèse sont les produits des gènes *Galntl1 et Gcnt2* qui sont également surexprimés au cours de la différenciation myogénique. Il apparait alors que la cellule s'oriente vers une forte production du core 2 et donc probablement vers une surproduction de KS (Figure 68). Cette hypothèse est renforcée par une étude montrant une surexpression du gène *Gcnt1*, également impliqué dans la synthèse de *O*-glycane core 2 dans le cas d'hypertrophie cardiaque chez la souris (Koya et al., 1999). Dans ce contexte, *Chst5* étant à la fin de la chaine de synthèse et possédant la plus forte surexpression, il nous était tout indiqué pour une étude fonctionnelle.

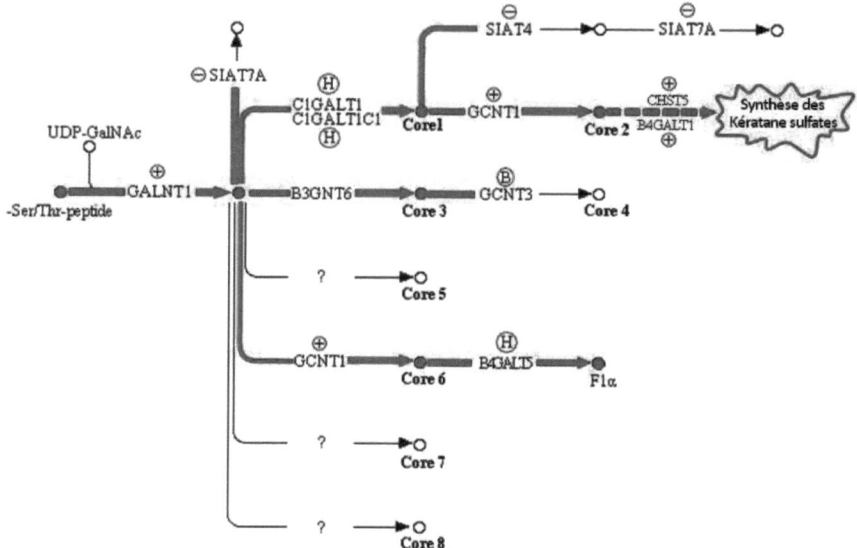

Figure 68. Régulation du processus de synthèse des *O*-glycanes et des KS au cours de la différenciation myogénique des CSM.
Les niveaux d'expression des gènes sont indiqués au-dessus des enzymes (H) : fortement exprimée sans variation ; (B) : faiblement exprimée sans variation ; (+ : surexprimée ; - : sous-exprimée). Les voies de synthèse actives sont en rouge et celles inactives en noir. Les produits formés sont eux représentés par un rond rouge et les produits qui ne sont pas synthétisés sont représentés par un rond blanc.

La nécessité de Chst5

L'intervention de la sulfotransférase codée par le gène *Chst5* est l'une des dernières étapes de la synthèse des KS. Une surexpression de ce gène engendre une plus forte présence de structures sulfatées au sein de la matrice extracellulaire, constatée à 24h de différenciation. Portés par le lumicanne, les KS participent à l'organisation des fibres de collagène. Ce maillage collagénique est de grande importance pour les cellules satellites et leur contribution à la régénération du muscle (Urciuolo et al., 2013). Ainsi, nous avons émis l'hypothèse qu'une altération dans la sulfatation des kératanes pourrait perturber l'organisation du collagène et empêcher ainsi les cellules de se différencier.

Nous avons traité les cellules satellites par un shRNA dirigé contre *Chst5*. Nous avons alors constaté un retard dans l'apparition des myotubes. Les premiers myotubes sont visibles à partir de 24h dans les cultures non traitées, ils n'apparaissent qu'à 48h dans les cultures traitées avec le shRNA. Le retard est progressivement comblé dans les jours suivants. Prenant en considération l'expression de *Chst5*, nous constatons que c'est à 24h que son expression est la plus élevée dans les cultures non traitées. La diminution du taux de transcrit de *Chst5* provoquée en traitant les cellules ne serait pas suffisante pour empêcher la présence de la protéine CHST5. En effet, nous constatons que la protéine CHST5 est présente à des niveaux faibles dans les cultures traitées.. Bien que faible, la production de CHST5 pourrait permettre l'initiation de la différenciation. N'ayant aucun contrôle a posteriori, il est donc tout à fait normal qu'une fois la différenciation engagée dans les cultures traitées, toutes les cellules finissent par se différencier. Nous pouvons donc conclure que les cellules satellites traitées seront tout de même activées, mais auront peut-être plus de mal à fusionner, du fait dans un premier temps de la perturbation dans l'organisation de la matrice. Les cellules étant tout de même capables de s'aligner, cela pourrait signifier que la migration cellulaire n'est pas affectée par l'absence des KS. Bien que faible, l'expression de CHST5 à 48h serait suffisante pour produire une quantité de KS telle que le rétablissement du maillage extracellulaire pourrait avoir lieu et favoriserait ainsi avec un retard la fusion des cellules satellites. La fusion s'accélère à 48h par rapport aux cellules non traitées car la majeure partie des cellules est déjà engagée en différenciation et est en attente de pouvoir fusionner. Cette différenciation accélérée permet de retrouver un nombre de myotubes quasi identique à celui de cultures non traitées en seulement 48h (soit après 96h de différenciation au total), ceux-ci semblent cependant de diamètre plus faible. Les profils d'expression des marqueurs myogéniques sont en accord avec ces conclusions. Effectivement, nous pouvons observer que l'expression de MyoG subit la même surexpression, très importante, chez des cellules traitées ou non, après 24h de différenciation. Le facteur Myf6, relié à la fusion des cellules, est quant à lui surexprimé avec 24h de retard dans les cellules traitées (à partir de 48h) mais de façon 20 fois plus importante. Tout indique que l'action de CHST5 est nécessaire à l'élaboration des myotubes et que sa faible surexpression suffit à engager les CSM en différenciation. Ceci confirmerait l'implication des KS dans cette voie de différenciation.

Le gène *Hpse* se trouve être également surexprimé or l'héparanase pour laquelle il code est connue pour son implication positive dans la migration cellulaire à travers son action de dégradation de la MEC (Dempsey et al., 2000). Ceci vient compléter notre hypothèse sur une importante modification des composants de la MEC lors de la différenciation myogénique.

Changement dans les protéines d'adhésion

Autre fait important dans le processus myogénique des CSM, la régulation des protéines d'adhésion. Douze des trente-et-un gènes variant codent pour ces protéines. Parmi elles, CLEC2D, une lectine inhibitrice de la différenciation ostéogénique chez la souris (Zhou et al., 2001). Cette lectine, clairement nécessaire pour promouvoir la voie myogénique, est bien surexprimée dans les cellules satellites engagées dans cette différenciation. La lectine LGALS7, étant aussi surexprimée, pourrait assurer un rôle de stabilisateur des glyco-conjugués, rôle montré au cours de la régénération du tissu épithélial (Rondanino et al., 2011). L'endosialine (CD248) est également surexprimée et connue pour son action potentielle dans l'angiogenèse. Elle contribue à l'alignement et au contact cellulaire (Opavsky et al., 2001). Les deux étapes sont cruciales pour la myogenèse et l'endosialine pourrait y contribuer fortement. Le récepteur KLRA2 (Killer cell lectin-like receptor 2) peut lier les chaines lourdes de myosine de classe 1 qui sont fortement exprimées dans le muscle squelettique (Ryan et al., 2001; Scarpellino et al., 2007), pouvant ainsi expliquer sa surexpression observée. Deux « Cell Adhesion Molecules » (ICAM2 et MCAM) voient leur expression augmenter significativement durant la myogenèse des C2C12 et des CSM. ICAM2 est également fortement exprimée dans des cellules satellites adultes (Pallafacchina et al., 2010). La liaison qu'elle peut établir entre la membrane et l'actine permet le renforcement des interactions cellule-cellule comme décrit dans les neuroblastomes en 2008, le renforcement des interactions confère alors aux cellules un phénotype non-métastasique (Yoon et al., 2008). Concernant MCAM, cette protéine est connue pour avoir un rôle dans l'adhésion et la cohésion cellulaire au sein de la monocouche endothéliale (Yang et al., 2001) ; nous supposons qu'un rôle similaire peut lui être attribué dans le processus myogénique. D'autre part, Cerletti et son équipe ont rapporté que le gène *Mcam* était fortement exprimé dans les cellules myogéniques fœtales humaines (Cerletti et al., 2006). Ceci indique qu'il existe une relation entre l'expression de *Mcam* et la différenciation myogénique. La protéine MCAM serait un marqueur des cellules myogéniques fœtales.

Enfin, cinq gènes codant des intégrines ont été identifiés parmi les gènes surexprimés (*Itga5*, *Itga6*, *Itga11*, *Itgb7* et *Itgb8*). La famille des intégrines présente un intérêt particulier dans la myogenèse, ses membres évoluant aussi bien au niveau des contacts cellulaires, de la signalisation, de l'adhésion et de la fusion cellulaire (Takada et al., 2007). A partir de nos résultats, nous avons proposé un modèle permettant d'expliquer partiellement la régulation de la myogenèse, les intégrines ayant alors un rôle central dans ce modèle (Figure 69).

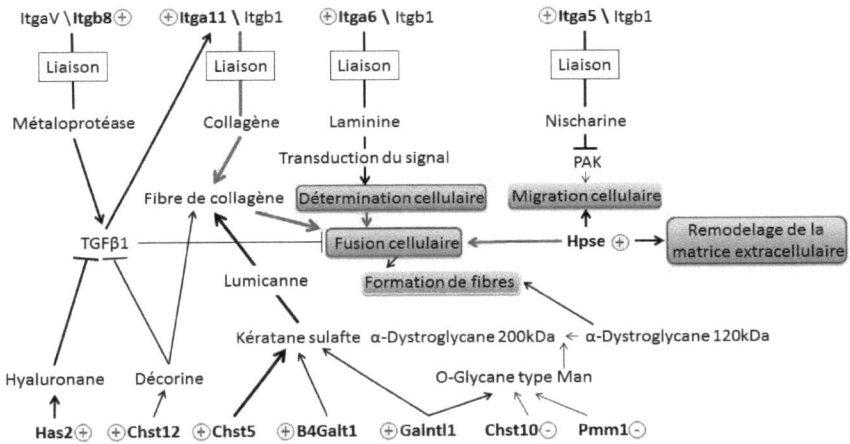

Figure 69. Modèle de régulation de la myogenèse impliquant les intégrines.
Modèle basé sur nos observations et en accord avec la littérature, montrant l'implication des gènes dont les produits sont liés à la glycosylation et à l'adhésion dans le processus de myogenèse. Les gènes subissant une variation significative au cours de cette différenciation sont en gras et le sens de variation est indiqué à côté en rouge (+ : surexprimé ; - : sous-exprimé). L'épaisseur des traits est proportionnelle à l'expression du gène. Une flèche représente une activation et un « T » une répression. Les voies les plus importantes menant à la fusion cellulaire sont indiquées en rouge. Les étapes de la différenciation myogénique sont représentées par des rectangles violets, les étapes activées sont encadrées en rouge.

La sous-unité intégrine codée par *Itga5* forme un complexe hétérodimérique avec la sous-unité ITGB1. Ce complexe se lie à la Nischarine, participant ainsi à l'inhibition de la migration cellulaire (Alahari et al., 2004). Nos observations pour *hpse* laissent imaginer la création d'une balance entre activation et répression de la migration cellulaire, qui peut se voir également aux niveaux de l'expression de ces deux gènes. En effet, entre 24 et 48h *hpse* n'est plus surexprimé alors que le gène *Itga5* est surexprimé. Ceci permetrait une régulation plus fine de la migration et de la disposition des cellules pour se préparer à la fusion.

La sous-unité ITGB8, associée à ITGAV (non-variant) et une métalloprotéase, contribue à l'activation du TGF-β1 au niveau de cellules épithéliales et des astrocytes (Mu et al., 2002; Cambier et al., 2005). Bien que le TGF-β1 soit connu comme inhibiteur de la différenciation myogénique (Kollias and McDermott, 2008), Gouttenoire et ses collaborateurs ont démontré qu'il pouvait également activer la transcription d'*Itga11* dans des chondrocytes murins (Gouttenoire et al., 2010). De façon tout à fait intéressante, nous avons également observé la surexpression des hyaluronanes synthétases HAS1 et HAS2 au cours de la myogenèse des CSM. Les hyaluronanes produits par ces enzymes sont décrits comme étant impliqués dans la séquestration des récepteurs au TGF-β1 dans des rafts lipidiques, limitant ainsi leur interaction (Ito et al., 2004). D'autre part nous avons également noté la surexpression de *Chst12* intervenant dans la synthèse des dermatanes sulfates. Ceci pouvant indiquer une surproduction de décorine, protéine pouvant se lier au TGF-β1 et réguler ainsi son effet sur les cellules comme le montre une étude menée sur des cellules satellites de poulet (Li et al., 2008). Toutes ces observations suggèrent que la cellule régule l'effet du TGF-β1 à travers différentes voies tendant à limiter son action à l'activation d'*Itga11*.

L'importance de *Itga11*

Le gène *Itga11* est de loin le plus surexprimé de tous ceux observés au cours de la myogenèse des CSM. La sous-unité intégrine alpha 11 pour laquelle il code montrait, dans une précédente étude, une surexpression lors de la différenciation de myofibroblastes dans le cas de cardiomyopathie (Talior-Volodarsky et al., 2012). ITGA11 a également été identifiée comme étant produite par les myoblastes de la cornée humaine et fortement impliquée dans leur développement (Byström et al., 2009). Nous avons donc mené une étude fonctionnelle sur cette protéine. En traitant des cellules C2C12 et des cellules satellites par des shRNA dirigés contre les transcrits d'*Itga11*, nous en avons fortement diminué leur quantité. La fusion cellulaire en est elle aussi fortement affectée dans les cultures traitées, avec un effet moins prononcé chez les C2C12. Ceci serait dû à une expression déjà élevée d'*Itga11* dans les C2C12 avant même leur engagement en différenciation. Bien que le traitement par shRNA inhibe dans ces cellules la synthèse et le renouvellement d'ITGA11, la quantité déjà présente à la surface des C2C12 peut être suffisante pour initier la différenciation.

En revanche, le traitement des cultures par des anticorps anti-ITGA11 provoque, quel que soit le type cellulaire utilisé, une puissante inhibition de la fusion. Les indices de fusion calculés pour les cultures traitées ne dépassent pas les 7% même après 72h en condition de différenciation. Un résultat similaire a été obtenu pour des cultures traitées par anticorps anti-ITGA4. Connaissant l'implication de la sous-unité alpha 4 dans la myogenèse (Cachaço et al., 2005), il semble évident que la sous-unité alpha 11 est elle aussi impliquée dans ce phénomène. Sa contribution serait même indépendante de celle d'ITGA4. En effet, lorsque nous traitons des cultures simultanément avec des anticorps anti-ITGA11 et anti-ITGA4, nous observons une inhibition plus importante de la fusion. De plus l'inactivation de l'un ou l'autre des gènes codant ces sous-untités intégrines n'affecte pas l'expression de l'autre. La présence de seulement ITGA4 ou de ITGA11 n'est pas suffisante pour permettre la fusion. Ceci montre bien des rôles indépendants pour ces deux sous-unités lors du processus myogénique.

Plus particulièrement, ITGA11 semble reliée au processus de fusion intervenant au cours de la myogenèse. Pour le savoir nous avons étudié l'expression des MRFs dans les cultures traitées par shRNA. Celle-ci montre que MyoG augmente fortement après 24h de différenciation comme dans des cultures non traitées. L'activation de la différenciation reste donc effective en absence de transcrits d'*Itga11*. En revanche, l'expression de *Myf6* dans les cellules satellites ayant subi le knock-down est totalement inhibée. Ceci se corrèle avec la perte de fusion et confirme notre hypothèse sur l'implication d'ITGA11 dans ce phénomène. Nous avons également visualisé une légère désorganisation des CSM dans les cultures possédant moins de *Itga11* ou lorsque les cellules étaient en présence d'anticorps anti-ITGA11. Ceci pourrait être associé à la perte de liaison avec le collagène qui sert à leur alignement.

Notre modèle intègre également une voie de signalisation cellulaire, mettant en jeu ITGA6. Le gène codant cette sous-unité est surexprimé. Son produit forme un complexe avec ITGB1, complexe récemment décrit comme essentiel à la différenciation neuronale. Utilisant les cellules souches embryonnaires humaines, les chercheurs ont démontré que le complexe ITGA6/ITGB1 se liant à la laminine induisait alors la différenciation des cellules en neurones (Ma et al., 2008). ITGA6 ayant également été décrit comme un marqueur de la différenciation myogénique dans une population de cellules satellites porcines (Wilschut et al., 2011), nous avons donc intégré le système de signalisation, dépendant de la laminine, à notre modèle de régulation myogénique (Figure 69). Il s'en suit que son expression serait à associer à une activation de la différenciation myogénique pour les CSM.

La dernière observation concerne l'alpha-dystroglycane et sa glycosylation. Cette protéine a été retrouvée sous plusieurs formes, plus ou moins glycosylée dans des cultures de myoblastes de poulet en différenciation. Les chercheurs ont découvert une forme à 120kDa qui remplace la forme à 200kDa dans les stades tardifs de différenciation. La diminution de masse serait due à une plus faible glycosylation de type *O*-mannosyl-glycane (Leschziner et al., 2000). Dans notre modèle nous y avons associé les sous-expressions de *Pmm1* et de *Chst10* en début de différenciation. La protéine PMM1 (Phospho-manno-mutase 1) évoluant dans la synthèse de l'UDP-mannose, sa diminution engendre celle du substrat servant à la synthèse des *O*-mannosyl-glycanes. L'enzyme CHST10 est responsable de la sulfatation de motifs de ce type (Endo, 1999) et potentiellement de ceux portés par l'alpha-dystroglycane (Stalnaker et al., 2011). Cependant, même s'il perd une partie de sa glycosylation, l'alpha-dystroglycane doit toujours être capable de se lier à la laminine pour le bon déroulement de la myogenèse. Pour cela, il doit conserver un motif glycanique particulier, *i.e.* un *O*-mannosyl-glycane phosphorylé. Bien que le procédé de synthèse de ce motif soit encore inconnu, certaines enzymes y ont été associées après avoir été découvertes comme étant mutées chez des patients atteints de dystroglycanopathies.

Synthèse du *O*-mannosyl-glycane phosphorylé de l'alpha-dystroglycane

Dans ce contexte, nous avons suivi, lors de la différenciation myogénique et pré-adipocytaire des CSM, l'expression des gènes *Fkrp*, *Fktn*, *Gtdc2*, *Ispd* et *Tmem5* codant pour les enzymes impliquées dans l'élaboration du mannosyl-glycane phosphorylé. Nous avons pu observer une cohérence d'expression entre le gène codant pour l'alpha-dystroglycane (*Dag1*) et les quatre premiers, seul *Tmem5* ne présente aucune variation au cours de la myogenèse. Ce dernier présente même une sous-expression au cours de la trans-différenciation adipogénique des CSM. Nous pourrions supposer que TMEM5 aurait une action inhibitrice pour ce processus. A l'inverse, le gène *Fktn* codant la fukutine, présente une surexpression plus importante lors de la myogenèse que celle observée en pré-adipogénèse, alors que l'expression de *Dag1* est moindre. Nous pouvons donc supposer que les produit des gènes *Fkrp*, *Fktn*, *Gtdc2* et *Ispd* sont bien impliqués dans la synthèse du *O*-mannosyl-glycane phosphorylé porté par l'alpha-dystroglycane. Cependant l'expression de ces gènes et de *Dag1* en particulier ne serait pas une spécificité de la différenciation myogénique. Par ailleurs, nous pouvons également suggérer que la fukutine possède un rôle dans le développement musculaire, n'ayant pas de lien avec l'alpha-dystroglycane. Une étude menée chez le poisson-zèbre en 2011 avait déjà démontré au cours de l'angiogenèse et du développement oculaire, que la fukutine pouvait avoir un rôle indépendant (Wood et al., 2011). Enfin, nos observations ne permettent pas de relier clairement TMEM5 à la synthèse du O-mannosyl-glycane phosphorylé porté par l'α-DG. Sa sous expression au cours de la pré-adipogénèse laisserait supposer que la présence de TMEM5 lors de la trans-différenciation serait un frein pour celle-ci. Cette dernière observation peut être mise en relation avec la toute récente étude toxicologique montrant que TMEM5 est directement liée à l'expression du Cytochrome P450 indépendamment du récepteur AHR (Aryl hydrocarbon receptor) (Solaimani et al., 2013). Il est connu qu'AHR active le cytochrome p450 et également que ce récepteur inhibe la différenciation adipogénique (Vogel and Matsumura, 2003; Shin et al., 2007), nous pouvons alors imaginer un système de régulation parallèle passant par TMEM5 et réprimant également cette voie de différenciation lorsque celle-ci est exprimée.

La pré-adipogénèse des CSM nécessite l'inhibition de la différenciation myogénique

Nous avons pu constater qu'un certain nombre de changements dans l'expression de gènes étaient spécifiques de la trans-différenciation des cellules satellites murines. Nous avons donc réalisé un modèle sur la même base que celui proposé pour la myogenèse (Figure 70). Les intégrines semblent moins impliquées dans cette voie que dans la myogenèse, seulement 2 gènes seraient réellement exprimés spécifiquement lors de la trans-différenciation (*Itga2b* et *Itga7*). Nous supposons que leur implication dans cette voie pourrait être reliée à l'adhésion et la migration cellulaire par analogie avec des observations faites pour le complexe ITGA1/ITGB1. Ce complexe s'avère nécessaire pour l'adhésion et la migration des pré-adipocytes en interagissant avec la laminine 1 (Patrick and Wu, 2003). Notre étude montre un changement important dans la composition de la matrice extracellulaire lors de la pré-adipogénèse.

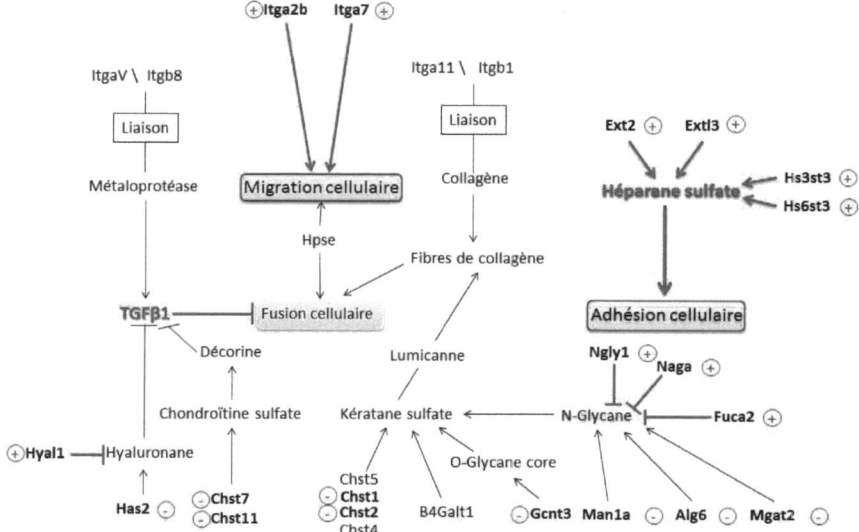

Figure 70. Modèle de régulation de la pré-adipogénèse.
Modèle basé sur nos observations et en accord avec la littérature montrant l'implication des gènes dont les produits sont liés à la glycosylation, à l'adhésion dans le processus de trans-différenciation adipogénique. Les gènes ayant subi une variation significative au cours de cette différenciation sont en gras et le sens de variation est indiqué à côté en rouge (+ : surexprimé ; - : sous-exprimé). L'épaisseur des traits est proportionnelle à l'expression du gène codant. Une flèche représente une activation et un « T » une répression. Les voies les plus importantes sont indiquées en rouge. Les étapes affectées sont représentées par des rectangles verts, les étapes activées sont encadrées en rouge.

Nous avons constaté une forte répression des gènes de la synthèse des KS. Nous avions noté une surproduction de ces glycosaminoglycanes lors de la myogenèse que nous avions pu relier à la fusion grâce à l'étude fonctionnelle de *Chst5*. Cette étape de la myogenèse est clairement absente de la pré-adipogénèse, ce qui pourrait expliquer la chute de production des KS. Nous avons également observé une opposition dans la production et le maintien des hyaluronanes entre la myogenèse et la voie adipogénique. Sachant que ceux-ci sont impliqués dans la séquestration du récepteur au TGF-β1 (Ito et al., 2004), qui est un puissant inhibiteur de la différenciation myogénique, il semble évident que la synthèse des hyaluronanes soit activée dans la myogenèse et réprimée dans la pré-adipogénèse. La même conclusion s'applique pour la synthèse des chondroïtines sulfates, pour lesquelles nos observations suggèrent une surproduction au cours de la différenciation et une diminution lors de la trans-différenciation. Ceci serait à relier à la production de décorine, portant ces glycosaminoglycanes et capable d'inhiber l'action du TGF-β1 en s'y liant (Li et al., 2008).

Enfin, notre dernière observation concerne les héparanes sulfates, elle est aussi en accord avec cette opposition entre myogenèse et adipogénèse, car seule la voie adipogénique est concernée. Il a été montré que les héparanes sulfates pouvaient participer à l'inhibition de la myogenèse. En effet, ces glycosaminoglycanes contribuent à la formation d'un complexe entre le FGF et son récepteur, régulant ainsi l'expression de la myogénine et engendrant une inhibition de la différenciation myogénique (Brunetti et Goldfine, 1990 ; Pellegrini, 2001). Autre fait intéressant concernant les héparanes sulfates, ils ont également été décrits comme impliqués dans l'adhésion de cellules souches humaines dérivées d'adipocytes. Ce lien met en jeu la fibronectine et son domaine de liaison à l'héparine (Park et al., 2009).

Tous ces éléments nous permettent de conclure à une inhibition claire de la différenciation myogénique forçant alors la trans-différenciation des cellules satellites en pré-adipocytes. L'opposition que nous avons vue entre myogenèse et pré-adipogénèse, reflétée par les différences de variation d'expression de nombreux gènes (Tableau 9), renforce la confiance portée à notre méthode de sélection et en nos modèles de régulation des différentes voies de différenciation par les gènes reliés à glycosylation et aux protéines d'adhésion.

Nous pouvons conclure que ces deux voies, même si elles requièrent un certain nombre de gènes communs, purement liés au processus de différenciation, voient leur réalisation possible que si les expressions pour des gènes codant des protéines d'adhésion et des protéines impliquées dans la synthèse des GAGs sont opposées.

Tableau 9. Variations observées dans chacune des voies de différenciation des CSM pour les gènes utilisés dans les deux modèles.
Les variations sont indiquées comme suit : vert pour une sous-expression, rouge pour une surexpression, blanc sans variation d'expression, gris pour une absence d'expression.

Gène	Variation en myogenèse	Variation en pré-adipogenèse
B4Galt1		
Chst1		
Chst12		
Chst5		
Galntl1		
Has2		
Hpse		
Itga11		
Itga2b		
Itga5		
Itga6		
Itgb8		
Chst10		
Hs3st3		
Pmm1		
Alg6		
Chst11		
Chst2		
Chst7		
Ext2		
Extl3		
Fuca2		
Gcnt3		
Hyal1		
Itga7		
Man1a		
Mgat2		
Naga		
Ngly1		
Hs6st3		

Pour l'avenir

Pour la poursuite du travail engagé il nous semble d'un grand intérêt de se focaliser maintenant sur les gènes codant les composants de la MEC que sont les collagènes, laminines, tenascine et fibronectine. Leur implication dans le processus myogénique est établie, cependant leurs mécanismes d'activation/repression sur la myogenèse restent encore mal connus. Ceci permettrait d'établir le lien avec la glycosylation et les protéines d'adhésion.

Dans le même contexte il serait intéressant pour nous d'étudier les gènes reliés à la glycosylation et à l'adhésion en présence d'une hyper-musculature. Aussi au laboratoire le Pr. Véronique Blanquet possède des souris présentant un phénotype hyper-musclé lié à la surexpression constitutive de Gasp1, un inhibiteur de la myostatine. En étudiant les profils d'expression des gènes d'intérêt dans des cellules satellites issues de ce modèle, nous espérons retrouver lors de leur mise en différenciation myogénique les mêmes variations que celles observées précédemment mais de manière exacerbée. En effet, l'hyper-musculature n'est autre que l'effet d'un processus myogénique classique dans lequel la fusion est plus rapide et où un plus grand nombre de cellules fusionnent, ce qui est observé *in vitro* (Caroline Brun ; communication personnelle). Chacune des cellules engagées en différenciation exprimeraient plus fortement les molécules favorisant la différenciation et la fusion cellulaires.

Par ailleurs, nous pensons qu'il serait intéressant de poursuivre également l'étude de la trans-différenciation des cellules satellites dans la voie ostéogénique. Cette trans-différenciation nécessite la culture des cellules satellites en présence de la protéine BMP2. La concentration minimale la plus efficace testée étant de 300ng/mL de milieu de culture (Katagiri et al., 1994) et afin d'obtenir des quantités suffisantes de protéines BMP2 à moindre coût nous avons décidé de produire cette protéine au sein du laboratoire. Le cDNA a donc été isolé par PCR et cloné dans un vecteur d'expression eucaryote. Le plasmide recombinant a été amplifié, extrait et placé à -20°C dans l'attente d'être transfecté en cellule COS pour la production de BMP2. Cette dernière étape sera réalisée prochainement et nous pourrons alors suivre l'expression des 383 gènes au cours de la trans-différenciation des cellules satellites murines en ostéoblastes. Nous pourrions ainsi déterminer un nouveau modèle de régulation pour la voie ostéogénique et identifier les processus communs à la trans-différenciation. Ceci conduira également à l'étude de la formation des ostéoclastes, présentant une étape de fusion cellulaire (Troen, 2003). Il a été démontré pour des cellules hématopoïétiques que leur mise en contact avec des ostéoblastes associée à la présence de 25ng/L de M-CSF (Macrophage-Colony Stimulating Factor) et 30ng/mL de ODF (Osteclast differentitation Factor) était suffisante pour qu'elles se différencient en ostéoclastes (Quinn et al., 1998). L'hypothèse serait alors la suivante, après une première étape de trans-différenciation des cellules satellites en ostéoblastes, l'ajout des facteurs M-CSF et ODF dans le milieu de culture pourrait permettre la trans-différenciation des cellules satellites restantes en ostéoclastes ou assimilés. Cela nous permettrait de mettre en évidence parmi les gènes étudiés précédemment ceux qui seraient spécifiquement à relier avec la fusion cellulaire quel que soit le processus de différenciation dans lequel les CSM sont engagées.

Dans un autre registre, nous souhaiterions également reproduire ces expériences avec des cellules satellites bovines. Cet animal de rente est sélectionné depuis des siècles pour sa forte masse musculaire et pour la production d'une plus grande quantité de viande. L'étude d'une seule race bovine nous permettrait dans un premier temps de savoir si les mêmes phénomènes de régulation ont lieu pour les 67 gènes que nous avons identifiés lors de l'étude de la différenciation myogénique des cellules satellites. Les gènes *Itga11* et *Chst5* ont-ils la même importance dans ce modèle ?
Il a été démontré que la myogenèse chez le bovin était régulée par des facteurs tout à fait similaires à ceux découverts chez la souris, tels que les Wnts, les facteurs Pax3 et Pax ; ces derniers régulant les MRFs responsables de l'engagement des cellules précurseurs dans la voie de différenciation myogénique (Kollias and McDermott, 2008; Mok and Sweetman, 2011). Nous pourrions donc nous attendre à des résultats similaires, cependant il a été également démontré que d'autres paramètres interviennent sur la transcription chez le bovin tels que le muscle choisi et la race (Lehnert et al., 2007; Sadkowski et al., 2009). En effet, rappelons que les différentes races bovines actuelles ont été sélectionnées depuis des décennies pour des traits de caractères bien précis. Ainsi il nous faudra très certainement tenir compte de cela dans nos études et mener une suite d'expérimentations sur différents muscles d'au moins deux races « à viande » et deux races « à lait ». Des travaux proches de ceux que nous souhaitons réalisés ont été engagés par une équipe coréenne, ils consistent en une étude transcriptomique de 7245 gènes dans différents muscles et sur une race locale. Ils ont ainsi pu déterminer que seuls treize gènes seraient spécifiques de la différenciation myogénique des cellules satellites et surexprimés dans les quatre types de muscles étudiés (Lee et al., 2012).
Autre point intéressant, plusieurs études montrent une régulation entre myogenèse et adipogenèse intra et extra-musculaire (Wang et al., 2009; Bonnet et al., 2010; Lee et al., 2012). Un travail en particulier aura attiré notre attention, puisqu'il décrit l'influence de la MEC dans l'adipogenèse et notamment des fibres de collagènes

(Hausman, 2012). L'étude de la voie adipogénique musculaire a probablement été beaucoup plus étudiée dans cette espèce car l'accumulation de graisse intramusculaire présente un intérêt agro-alimentaire. En effet, parmi tous les critères de qualité des viandes existants, la richesse en graisse d'une viande est considérée comme un gage de qualité. L'étude de la trans-différenciation adipocytaire de cellules satellites issues de bovin serait donc une perspective toute à fait logique. Connaitre les gènes participant à la trans-différenciation des cellules satellites en pré-adipocytes et potentiellement impliqués dans l'accumulation de graisse dans les muscles pourrait être une aide précieuse pour les futures sélections. En effet, il serait alors envisageable d'étudier l'expression de ces gènes chez différentes races dont les viandes sont plus ou moins persillées *in fine*. Si ces gènes sont détectables précocement, il serait alors possible de les utiliser pour sélectionner des animaux dont les viandes seront de plus grande qualité. Tout en sachant cependant qu'une trop grande accumulation de graisse dans les muscles peut générer de sérieux problèmes dans le développement et la régénération du muscle, et donc une perte de production (Hosoyama et al., 2009; Trudel et al., 2012). Il faudrait donc s'intéroger sur le pourcentage de graisse optimal pour l'obtention de la meilleure viande tout en évitant des problèmes physiologiques chez l'animal. Pour étudier cela quelques modèles murins existent, il s'agit de souris Knock-Out ou de souris traitées par injections intramusculaires (Contreras-Shannon et al., 2007; Pisani et al., 2010). La combinaison des études menées sur le transcriptome et l'utilisation de ces modèles murins permettrait de déterminer les conditions optimales, les gènes impliqués et les mécanismes de régulation mise en place pour favoriser l'accumulation de graisse intramusculaire à un degré convenable pour l'éleveur, l'animal et le consommateur.

Annexes

Annexe 1. Séquence de l'amplifiat de Bmp2

Mus musculus bone morphogenetic protein 2 (Bmp2), mRNA
Sequence ID: reflNM_007553.3| Length: 3566 Number of Matches: 1

Range 1: 1258 to 2382 GenBank Graphics

Score	Expect	Identities	Gaps	Strand
2067 bits(1119)	0.0	1123/1125(99%)	0/1125(0%)	Plus/Minus

```
Query  408   ACGACACCCGCAGCCCTCCACAGCCATGTCCTGATAATTTTTTAGCACAACCTTTTCATT  467
             |||||||||||||||||||||||| |||||||||||||||||||||||||||||||||||
Sbjct  2382  ACGACACCCGCAGCCCTCCACAACCATGTCCTGATAATTTTTTAGCACAACCTTTTCATT  2323

Query  468   TTCATCTAGGTACAACATGGAGATTGCGCTGAGCTCTGTGGGGACACAGCATGCCTTAGG  527
             ||||||||||||||||||||||||||||||||||||||||||||||||||||||||||||
Sbjct  2322  TTCATCTAGGTACAACATGGAGATTGCGCTGAGCTCTGTGGGGACACAGCATGCCTTAGG  2263

Query  528   GATTTTGGAATTCACAGAGTTCACCAGAGTCTGCACTATGGCATGGTTAGTGGAGTTCAG  587
             ||||||||||||||||||||||||||||||||||||||||||||||||||||||||||||
Sbjct  2262  GATTTTGGAATTCACAGAGTTCACCAGAGTCTGCACTATGGCATGGTTAGTGGAGTTCAG  2203

Query  588   GTGGTCAGCAAGGGGAAAAGGACACTCCCCATGGCAGTAAAAGGCATGATAGCCCGGAGG  647
             ||||||||||||||||||||||||||||||||||||||||||||||||||||||||||||
Sbjct  2202  GTGGTCAGCAAGGGGAAAAGGACACTCCCCATGGCAGTAAAAGGCATGATAGCCCGGAGG  2143

Query  648   TGCCACGATCCAGTCATTCCACCCCACATCACTGAAGTCCACATACAAAGGGTGTCTCTT  707
             ||||||||||||||||||||||||||||||||||||||||||||||||||||||||||||
Sbjct  2142  TGCCACGATCCAGTCATTCCACCCCACATCACTGAAGTCCACATACAAAGGGTGTCTCTT  2083

Query  708   GCAGCTGGACTTGAGGCGCTTCCGCTGTTTGTGTTTGGCTTGACGCTTTTCTCGTTTGTG  767
             ||||||||||||||||||||||||||||||||||||||||||||||||||||||||||||
Sbjct  2082  GCAGCTGGACTTGAGGCGCTTCCGCTGTTTGTGTTTGGCTTGACGCTTTTCTCGTTTGTG  2023

Query  768   GAGCGGATGTCCTTTTCCATCATGTCCAAAAGTCACTAGCAATGGCCTTATCTGTGACCA  827
             ||||||||||||||||||||||||||||||||||||||||||||||||||||||||||||
Sbjct  2022  GAGCGGATGTCCTTTTCCATCATGTCCAAAAGTCACTAGCAATGGCCTTATCTGTGACCA  1963

Query  828   GCTGTGTTCATCTTGGTGCAAAGACCTGCTAATCCTCACGTGTCTCTTGGAGACACCTGG  887
             ||||||||||||||||||||||||||||||||||||||||| ||||||||||||||||||
Sbjct  1962  GCTGTGTTCATCTTGGTGCAAAGACCTGCTAATCCTCACATGTCTCTTGGAGACACCTGG  1903

Query  888   GTTCTCCTCTAAATGGGCCACTTCCACCACAAACCCATGGTTGGTGTGTCCCTGTGTGGT  947
             ||||||||||||||||||||||||||||||||||||||||||||||||||||||||||||
Sbjct  1902  GTTCTCCTCTAAATGGGCCACTTCCACCACAAACCCATGGTTGGTGTGTCCCTGTGTGGT  1843

Query  948   CCACCGCATCACAGCTGGGGTGACGTCGAAGCTCTCCCACTGACTTGTGTTCTGATTCAC  1007
             ||||||||||||||||||||||||||||||||||||||||||||||||||||||||||||
Sbjct  1842  CCACCGCATCACAGCTGGGGTGACGTCGAAGCTCTCCCACTGACTTGTGTTCTGATTCAC  1783

Query  1008  TAACCTGGTGTCCAATAGTCTGGTCACAGGAAATTTCAAGTTGGCTGCTGCAGGCTTTAT  1067
             ||||||||||||||||||||||||||||||||||||||||||||||||||||||||||||
Sbjct  1782  TAACCTGGTGTCCAATAGTCTGGTCACAGGAAATTTCAAGTTGGCTGCTGCAGGCTTTAT  1723

Query  1068  AATTTCATAAATATTAATTCGGTGCTGGAAACTACTGTTTCCCAAAGCTTCCTGTATCTG  1127
             ||||||||||||||||||||||||||||||||||||||||||||||||||||||||||||
Sbjct  1722  AATTTCATAAATATTAATTCGGTGCTGGAAACTACTGTTTCCCAAAGCTTCCTGTATCTG  1663

Query  1128  TTCCCGGAAGATCTGGAGTTCTGCAGATGTGAGAAACTCGTCACTGGGGACAGAACTTAA  1187
             ||||||||||||||||||||||||||||||||||||||||||||||||||||||||||||
Sbjct  1662  TTCCCGGAAGATCTGGAGTTCTGCAGATGTGAGAAACTCGTCACTGGGGACAGAACTTAA  1603

Query  1188  ATTGAAGAAGAAGCGCCGGGCCGTTTTCCCACTCATCTCTGGAAGTTCCTCCACGGCTTC  1247
             ||||||||||||||||||||||||||||||||||||||||||||||||||||||||||||
Sbjct  1602  ATTGAAGAAGAAGCGCCGGGCCGTTTTCCCACTCATCTCTGGAAGTTCCTCCACGGCTTC  1543

Query  1248  TTCGTGATGGAAGCTGCGCACGGTGTTGGCGCGGCTGGCTGCCCTCTCCAGCCGGTGGTC  1307
             ||||||||||||||||||||||||||||||||||||||||||||||||||||||||||||
Sbjct  1542  TTCGTGATGGAAGCTGCGCACGGTGTTGGCGCGGCTGGCTGCCCTCTCCAGCCGGTGGTC  1483
```

☐ Mutation silencieuse

```
Query  1248  TTCGTGATGGAAGCTGCGCACGGTGTTGGCGCGGCTGGCTGCCCTCTCCAGCCGGTGGTC  1307
             ||||||||||||||||||||||||||||||||||||||||||||||||||||||||||||
Sbjct  1542  TTCGTGATGGAAGCTGCGCACGGTGTTGGCGCGGCTGGCTGCCCTCTCCAGCCGGTGGTC  1483

Query  1308  TGGGGCGGGCGCTCCTGGCTGGCCTGAGTGCCTGCGGTACAGATCTAGCATATAGGGGGG  1367
             | ||||||||||||||||||||||||||||||||||||||||||||||||||||||||||
Sbjct  1482  TGGGGCGGGCGCTCCTGGCTGGCCTGAGTGCCTGCGGTACAGATCTAGCATATAGGGGGG  1423

Query  1368  CACCACGACGTCCTTGCTGGGGGTGGGTCTCTGCTTCAGGCCAAACATGCTGAGCAGCCT  1427
             ||||||||||||||||||||||||||||||||||||||||||||||||||||||||||||
Sbjct  1422  CACCACGACGTCCTTGCTGGGGGTGGGTCTCTGCTTCAGGCCAAACATGCTGAGCAGCCT  1363

Query  1428  CAACTCAAATTCGCTGAGGACGTCTTCCGAAGGCCGGGACAAGGGTCGGCTGGATGCCGC  1487
             ||||||||||||||||||||||||||||||||||||||||||||||||||||||||||||
Sbjct  1362  CAACTCAAATTCGCTGAGGACGTCTTCCGAAGGCCGGGACAAGGGTCGGCTGGATGCCGC  1303

Query  1488  GGCGAACTTCTTGCGGCCCAGCTCTGGAATGAGGCCGGCCGCGCC     1532
             |||||||||||||||||||||||||||||||||||||||||||||
Sbjct  1302  GGCGAACTTCTTGCGGCCCAGCTCTGGAATGAGGCCGGCCGCGCC     1258
```

Annexe 2. Liste des 383 gènes étudiés triés par ordre alphabétique

A	B	C		D - F	G		H	I	
Abo	B3galnt1	C1galt1	Chst4	D4st1	G6pc	Ganc	Has1	Icam2	Itgae
Actb	B3galt1	C1galt1c1	Chst5	Dad1	G6pdx	GAPDH	Has2	Idua	Itgam
Alg11	B3galt2	C76566	Chst7	Ddost	Gaa	Gba	Has3	Itga1	Itgav
Alg12	B3galt4	Calr	Chst8	Dgcr2	Gal3st1	Gba2	Hexa	Itga10	Itgax
Alg1	B3galt5	Calr3	Clec11a	Dpagt1	Galc	Gbgt1	Hexb	Itga11	Itgb1
Alg2	B3galt6	Canx	Clec1b	Dpm1	Galk1	Gcnt2	Hpse	Itga2	Itgb1bp1
Alg3	B3gat1	Cd207	Clec2d	Dpm2	Galnact2	Gcnt3	Hs2st1	Itga2b	Itgb1bp2
Alg5	B3gat2	Cd22	Clec2e	Edem1	Galnt1	Gcs1	Hs3st3a1	Itga3	Itgb2
Alg6	B3gat3	Cd248	Clec2g	Edem2	Galnt10	Ggta1	Hs3st3b1	Itga4	Itgb2l
Alg9	B3gnt1	Cd33	Clec2h	Ext1	Galnt11	Gla	Hs6st2	Itga5	Itgb3
Amy1	B3gnt2	Cd47	Clec2i	Ext2	Galnt12	Glb1	Hs6st3	Itga6	Itgb4bp
Art1	B3gnt3	Cd83	Clec3b	Extl1	Galnt13	Glg1	Hyal1	Itga7	Itgb5
Art2b	B3gnt5	Cd8b1	Clec4a2	Extl2	Galnt2	Glt8d1	Hyal2	Itga8	Itgb6
Art4	B3gnt7	Chi3l1	Clec4b1	Extl3	Galnt3	Glycam1	Hyal3	Itga9	Itgb7
Asgr1	B4galnt1	Chi3l3	Clec4d	Fcna	Galnt4	Gmds		Itgal	Itgb8
Asgr2	B4galnt2	Chi3l4	Clec4e	Fuca1	Galnt5	Gmppa		ItgaD	Itgbl1
Athl	B4galt1	Chia	Clec4n	Fuca2	Galnt6	Gmppb			
Atrn	B4galt2	Chid1	Clec5a	Fuk	Galnt7	Gne			
	B4galt3	Chpf2	Clec7a	Fut1	Galntl1	Gnpnat1			
	B4galt4	Chst1	Clgn	Fut10	Galntl5	Gpaa1			
	B4galt5	Chst10	Cmah	Fut2	Galt	Gusb			
	B4galt6	Chst11	Cmas	Fut4	Ganab	Gyltl1b			
	B4galt7	Chst12	Cplx3	Fut8					
	Bclp2	Chst2	Csgalnact1						
		Chst3	Ctbs						
			Ctsa						

K	L	M	N	O - P	R	S		T-X	
Kl	L1cam	Mag	Naga	Ogt	Renbp	Sec1	Slc5a2	Tbp	
Klb	Large	Man1a	Nagk	Olr1	Rfng	Sele	Slc5a3	Tcea1	
Klra10	Lctl	Man1a2	Naglu	Parp1	Rft1	Sell	Slc5a4a	Thbd	
Klra2	Lfng	Man2a1	Nagpa	Parp2	4930431L04Rik	Selp	Slc5a4b	Tsta3	
Klra5	Lgals1	Man2a2	Nans	Parp3	4933434I20Rik	Siglec1	St3Gal1	Uap1	
Klra6	Lgals12	Man2b1	Ncam1	Pdia3	Rpn1	Siglece	St3Gal2	Ugcg	
Klrb1a	Lgals2	Man2b2	Ncam2	Pecam1	Rpn2	Siglecf	St3Gal3	Ugcgl2	
Klrb1c	Lgals3	Man2c1	Ndst1	Pgm1		Siglecg	St3Gal4	Ugdh	
Klrc1	Lgals3bp	Manba	Ndst2	Pgm2		Slc2a1	St3Gal5	Ugp2	
Klrc2	Lgals7	Manea	Ndst3	Pgm3		Slc2a10	St3Gal6	Ugt2a1	
Klrc3	Lgals8	Masp1	Ndst4	Pigb		Slc2a2	St6gal1	Ugt2a3	
Klrd1	Lgals9	Masp2	Neu1	Pigc		Slc2a3	St6gal2	Ugt2b1	
Klre1	Lman2	Mcam	Neu2	Pigf		Slc2a4	St6GalNac1	Ugt2b34	
Klrg1		Mfi2	Neu3	Pigk		Slc2a5	St6GalNac2	Ugt3a2	
Klrk1		Mfng	Neu4	Pigm		Slc2a6	St6galnac3	Ugt8	
		Mgat2	Ngly1	Pign		Slc2a8	St6GalNac4	Ust	
		Mgat3		Pigo		Slc2a9	St6Galnac5	Vcam1	
		Mgat4a		Pigq		Slc35a1	St6GalNac6	Wbscr17	
		Mgat4b		Pigt		Slc35a2	St8sia1	Wdfy3	
		Mgat4c		Pitpna		Slc35a3	St8sia2	Xylt1	
		Mgat5b		Pitpnb		Slc35b1	St8sia3	Xylt2	
		Mgat5		Pitpnm1		Slc35b4	St8sia4		
		Mgea5		Pitpnm2		Slc35c1	St8sia5		
		Mgl1		Pmm1		Slc35d1	St8sia6		
		Mgl2		Pmm2		Slc5a1	Stt3a		
		Mpdu1		Pofut1		Slc5a11	Stt3b		
		Mrc2		Pofut2					
				Pomgnt1					
				Pomt1					
				Pomt2					
				Prkcsh					

Annexe 3. Tableau des gènes ayant des variations communes en myogenèse et pré-adipogénèse des CSM.

B	E	G	H	I
B3galt1	Extl1	Galnt3	Hexa	Idua
B3gnt3	F	Galnt6	Hs6st2	Itga3
B3gnt5	Fut1	Gbgt1	Hyal3	Itga4
		Ggta1		Itga9
				Itgb1bp2
				Itgb5
				Itgb6

L	N	O	S	U
Lfng	Ncam1	Olr1	Sec1	Ugcg
M	Ndst3	P	Sell	Ugp2
Mgat5b	Neu1	Pecam1	Slc2a4	Ugt8a
	Neu2	Pgm2	Slc2a6	V
			St6gal1	Vcam1

Bibliographie

Aguiari, P., Leo, S., Zavan, B., Vindigni, V., Rimessi, A., Bianchi, K., Franzin, C., Cortivo, R., Rossato, M., Vettor, R., et al. (2008). High glucose induces adipogenic differentiation of muscle-derived stem cells. Proc. Natl. Acad. Sci. *105*, 1226 –1231.

Alahari, S.K., Reddig, P.J., and Juliano, R.L. (2004). The integrin-binding protein Nischarin regulates cell migration by inhibiting PAK. EMBO J. *23*, 2777–2788.

Alexakis, C., Partridge, T., and Bou-Gharios, G. (2007). Implication of the satellite cell in dystrophic muscle fibrosis: a self-perpetuating mechanism of collagen overproduction. Am. J. Physiol. - Cell Physiol. *293*, C661–C669.

Allamand, V., Brinas, L., Richard, P., Stojkovic, T., Quijano-Roy, S., and Bonne, G. (2011). ColVI myopathies: where do we stand, where do we go? Skelet. Muscle *1*, 30.

Anakwe, K., Robson, L., Hadley, J., Buxton, P., Church, V., Allen, S., Hartmann, C., Harfe, B., Nohno, T., Brown, A.M.C., et al. (2003). Wnt signalling regulates myogenic differentiation in the developing avian wing. Dev. Camb. Engl. *130*, 3503–3514.

Anderson, J.E. (2000). A Role for Nitric Oxide in Muscle Repair: Nitric Oxide–mediated Activation of Muscle Satellite Cells. Mol. Biol. Cell *11*, 1859 –1874.

Angata, K., Suzuki, M., and Fukuda, M. (2002). ST8Sia II and ST8Sia IV polysialyltransferases exhibit marked differences in utilizing various acceptors containing oligosialic acid and short polysialic acid. The basis for cooperative polysialylation by two enzymes. J. Biol. Chem. *277*, 36808–36817.

Asakura, A., Komaki, M., and Rudnicki, M. (2001). Muscle satellite cells are multipotential stem cells that exhibit myogenic, osteogenic, and adipogenic differentiation. Differ. Res. Biol. Divers. *68*, 245–253.

Avignon, A., and Sultan, A. (2006). PKC-B inhibition: a new therapeutic approach for diabetic complications? Diabetes Metab. *32*, 205–213.

Baechle, T.R., and Earle, R.W. (2008). Essentials of strength training and conditioning (Human Kinetics).

Bajanca, F., and Thorsteinsdóttir, S. (2002). Integrin expression patterns during early limb muscle development in the mouse. Gene Expr. Patterns GEP *2*, 133–136.

Barani, A.E., Durieux, A.-C., Sabido, O., and Freyssenet, D. (2003). Age-related changes in the mitotic and metabolic characteristics of muscle-derived cells. J. Appl. Physiol. Bethesda Md 1985 *95*, 2089–2098.

Barbosa, I., Garcia, S., Barbier-Chassefière, V., Caruelle, J.-P., Martelly, I., and Papy-García, D. (2003). Improved and simple micro assay for sulfated glycosaminoglycans quantification in biological extracts and its use in skin and muscle tissue studies. Glycobiology *13*, 647–653.

Bashir, R., Britton, S., Strachan, T., Keers, S., Vafiadaki, E., Lako, M., Richard, I., Marchand, S., Bourg, N., Argov, Z., et al. (1998). A gene related to Caenorhabditis elegans spermatogenesis factor fer-1 is mutated in limb-girdle muscular dystrophy type 2B. Nat. Genet. *20*, 37–42.

Beltrán-Valero de Bernabé, D., Currier, S., Steinbrecher, A., Celli, J., van Beusekom, E., van der Zwaag, B., Kayserili, H., Merlini, L., Chitayat, D., Dobyns, W.B., et al. (2002). Mutations in the O-Mannosyltransferase Gene POMT1 Give Rise to the Severe Neuronal Migration Disorder Walker-Warburg Syndrome. Am. J. Hum. Genet. *71*, 1033–1043.

Beylkin, D.H., Allen, D.L., and Leinwand, L.A. (2006). MyoD, Myf5, and the calcineurin pathway activate the developmental myosin heavy chain genes. Dev. Biol. *294*, 541–553.

Bidanset, D.J., Guidry, C., Rosenberg, L.C., Choi, H.U., Timpl, R., and Höök, M. (1992). Binding of the proteoglycan decorin to collagen type VI. J. Biol. Chem. *267*, 5250–5256.

Billon, N., and Dani, C. (2009). Origine développementale des adipocytes. Obésité *4*, 189–196.

Bink, R.J., Habuchi, H., Lele, Z., Dolk, E., Joore, J., Rauch, G.-J., Geisler, R., Wilson, S.W., den Hertog, J., Kimata, K., et al. (2003). Heparan sulfate 6-o-sulfotransferase is essential for muscle development in zebrafish. J. Biol. Chem. *278*, 31118–31127.

Bione, S., Maestrini, E., Rivella, S., Mancini, M., Regis, S., Romeo, G., and Toniolo, D. (1994). Identification of a novel X-linked gene responsible for Emery-Dreifuss muscular dystrophy. Nat. Genet. *8*, 323–327.

Birbrair, A., Zhang, T., Wang, Z.-M., Messi, M.L., Enikolopov, G.N., Mintz, A., and Delbono, O. (2013). Role of pericytes in skeletal muscle regeneration and fat accumulation. Stem Cells Dev. *22*, 2298–2314.

Björkelid, C., Bergfors, T., Henriksson, L.M., Stern, A.L., Unge, T., Mowbray, S.L., and Jones, T.A. (2011). Structural and functional studies of mycobacterial IspD enzymes. Acta Crystallogr. D Biol. Crystallogr. *67*, 403–414.

Blonden, L.A., den Dunnen, J.T., van Paassen, H.M., Wapenaar, M.C., Grootscholten, P.M., Ginjaar, H.B., Bakker, E., Pearson, P.L., and van Ommen, G.J. (1989). High resolution deletion breakpoint mapping in the DMD gene by whole cosmid hybridization. Nucleic Acids Res. *17*, 5611–5621.

Bolduc, V., Marlow, G., Boycott, K.M., Saleki, K., Inoue, H., Kroon, J., Itakura, M., Robitaille, Y., Parent, L., Baas, F., et al. (2010). Recessive Mutations in the Putative Calcium-Activated Chloride Channel Anoctamin 5 Cause Proximal LGMD2L and Distal MMD3 Muscular Dystrophies. Am. J. Hum. Genet. *86*, 213–221.

Bonne, G., Di Barletta, M.R., Varnous, S., Bécane, H.M., Hammouda, E.H., Merlini, L., Muntoni, F., Greenberg, C.R., Gary, F., Urtizberea, J.A., et al. (1999). Mutations in the gene encoding lamin A/C cause autosomal dominant Emery-Dreifuss muscular dystrophy. Nat. Genet. *21*, 285–288.

Bönnemann, C.G., Modi, R., Noguchi, S., Mizuno, Y., Yoshida, M., Gussoni, E., McNally, E.M., Duggan, D.J., Angelini, C., Hoffman, E.P., et al. (1995). β–sarcoglycan (A3b) mutations cause autosomal recessive muscular dystrophy with loss of the sarcoglycan complex. Nat. Genet. *11*, 266–273.

Bonnet, M., Cassar-Malek, I., Chilliard, Y., and Picard, B. (2010). Ontogenesis of muscle and adipose tissues and their interactions in ruminants and other species. Anim. Int. J. Anim. Biosci. *4*, 1093–1109.

Brack, A.S., Conboy, I.M., Conboy, M.J., Shen, J., and Rando, T.A. (2008). A temporal switch from notch to Wnt signaling in muscle stem cells is necessary for normal adult myogenesis. Cell Stem Cell *2*, 50–59.

Bradford, M.M. (1976). A rapid and sensitive method for the quantitation of microgram quantities of protein utilizing the principle of protein-dye binding. Anal. Biochem. *72*, 248–254.

Brandan, E., and Gutierrez, J. (2013). Role of skeletal muscle proteoglycans during myogenesis. Matrix Biol.

Brand-Saberi, B., and Christ, B. (1993). Inhibition of myogenic cell migration by the application of antibodies raised against limb bud mesenchyme. Prog. Clin. Biol. Res. *383B*, 541–552.

Braun, T., Buschhausen-Denker, G., Bober, E., Tannich, E., and Arnold, H.H. (1989). A novel human muscle factor related to but distinct from MyoD1 induces myogenic conversion in 10T1/2 fibroblasts. EMBO J. *8*, 701–709.

Breloy, I., Schwientek, T., Gries, B., Razawi, H., Macht, M., Albers, C., and Hanisch, F.-G. (2008). Initiation of mammalian O-mannosylation in vivo is independent of a consensus sequence and controlled by peptide regions within and upstream of the alpha-dystroglycan mucin domain. J. Biol. Chem. *283*, 18832–18840.

Breton, C., Snajdrová, L., Jeanneau, C., Koca, J., and Imberty, A. (2006). Structures and mechanisms of glycosyltransferases. Glycobiology *16*, 29R–37R.

Breton, C., Fournel-Gigleux, S., and Palcic, M.M. (2012). Recent structures, evolution and mechanisms of glycosyltransferases. Curr. Opin. Struct. Biol. *22*, 540–549.

Brockington, M., Blake, D.J., Prandini, P., Brown, S.C., Torelli, S., Benson, M.A., Ponting, C.P., Estournet, B., Romero, N.B., Mercuri, E., et al. (2001). Mutations in the Fukutin-Related Protein Gene (FKRP) Cause a Form of Congenital Muscular Dystrophy with Secondary Laminin α2 Deficiency and Abnormal Glycosylation of α-Dystroglycan. Am. J. Hum. Genet. *69*, 1198–1209.

Brohmann, H., Jagla, K., and Birchmeier, C. (2000). The role of Lbx1 in migration of muscle precursor cells. Dev. Camb. Engl. *127*, 437–445.

Brook, J.D., McCurrach, M.E., Harley, H.G., Buckler, A.J., Church, D., Aburatani, H., Hunter, K., Stanton, V.P., Thirion, J.P., and Hudson, T. (1992). Molecular basis of myotonic dystrophy: expansion of a trinucleotide (CTG) repeat at the 3' end of a transcript encoding a protein kinase family member. Cell *68*, 799–808.

Brooke, M.H., and Kaiser, K.K. (1970). Three "myosin adenosine triphosphatase" systems: the nature of their ph lability and sulfhydryl dependence. J. Histochem. Cytochem. *18*, 670–672.

Brown, D.A., and London, E. (2000). Structure and function of sphingolipid- and cholesterol-rich membrane rafts. J. Biol. Chem. *275*, 17221–17224.

Brownlee, M. (2001). Biochemistry and molecular cell biology of diabetic complications. Nature *414*, 813–820.

Brunelli, S., Relaix, F., Baesso, S., Buckingham, M., and Cossu, G. (2007). Beta catenin-independent activation of MyoD in presomitic mesoderm requires PKC and depends on Pax3 transcriptional activity. Dev. Biol. *304*, 604–614.

Brunetti, A., and Goldfine, I.D. (1990). Role of myogenin in myoblast differentiation and its regulation by fibroblast growth factor. J. Biol. Chem. *265*, 5960–5963.

Buckingham, M. (2007). Skeletal muscle progenitor cells and the role of Pax genes. C. R. Biol. *330*, 530–533.

Buckingham, M., Bajard, L., Chang, T., Daubas, P., Hadchouel, J., Meilhac, S., Montarras, D., Rocancourt, D., and Relaix, F. (2003). The formation of skeletal muscle: from somite to limb. J. Anat. *202*, 59–68.

Buehring, B., and Binkley, N. (2013). Myostatin - The Holy Grail for Muscle, Bone, and Fat? Curr. Osteoporos. Rep.

Burghes, A.H.M., Logan, C., Hu, X., Belfall, B., Worton, R.G., and Ray, P.N. (1987). A cDNA clone from the Duchenne/Becker muscular dystrophy gene. Nature *328*, 434–437.

Buysse, K., Riemersma, M., Powell, G., van Reeuwijk, J., Chitayat, D., Roscioli, T., Kamsteeg, E.-J., van den Elzen, C., van Beusekom, E., Blaser, S., et al. (2013). Missense mutations in -1,3-N-acetylglucosaminyltransferase 1 (B3GNT1) cause Walker-Warburg syndrome. Hum. Mol. Genet. *22*, 1746–1754.

Byström, B., Carracedo, S., Behndig, A., Gullberg, D., and Pedrosa-Domellöf, F. (2009). Alpha11 integrin in the human cornea: importance in development and disease. Invest. Ophthalmol. Vis. Sci. *50*, 5044–5053.

Cachaço, A.S., Pereira, C.S., Pardal, R.G., Bajanca, F., and Thorsteinsdóttir, S. (2005). Integrin repertoire on myogenic cells changes during the course of primary myogenesis in the mouse. Dev. Dyn. Off. Publ. Am. Assoc. Anat. *232*, 1069–1078.

Cai, W.-J., Li, M.B., Wu, X., Wu, S., Zhu, W., Chen, D., Luo, M., Eitenmüller, I., Kampmann, A., Schaper, J., et al. (2009). Activation of the integrins alpha 5beta 1 and alpha v beta 3 and focal adhesion kinase (FAK) during arteriogenesis. Mol. Cell. Biochem. *322*, 161–169.

Cambier, S., Gline, S., Mu, D., Collins, R., Araya, J., Dolganov, G., Einheber, S., Boudreau, N., and Nishimura, S.L. (2005). Integrin $\alpha v \beta 8$-Mediated Activation of Transforming Growth Factor-β by Perivascular Astrocytes. Am. J. Pathol. *166*, 1883–1894.

Casar, J.C., Cabello-Verrugio, C., Olguin, H., Aldunate, R., Inestrosa, N.C., and Brandan, E. (2004). Heparan sulfate proteoglycans are increased during skeletal muscle regeneration: requirement of syndecan-3 for successful fiber formation. J. Cell Sci. *117*, 73–84.

Caserta, F., Tchkonia, T., Civelek, V.N., Prentki, M., Brown, N.F., McGarry, J.D., Forse, R.A., Corkey, B.E., Hamilton, J.A., and Kirkland, J.L. (2001). Fat depot origin affects fatty acid handling in cultured rat and human preadipocytes. Am. J. Physiol. Endocrinol. Metab. *280*, E238–247.

Cerletti, M., Molloy, M.J., Tomczak, K.K., Yoon, S., Ramoni, M.F., Kho, A.T., Beggs, A.H., and Gussoni, E. (2006). Melanoma cell adhesion molecule is a novel marker for human fetal myogenic cells and affects myoblast fusion. J. Cell Sci. *119*, 3117–3127.

Chakravarti, S., Magnuson, T., Lass, J.H., Jepsen, K.J., LaMantia, C., and Carroll, H. (1998). Lumican Regulates Collagen Fibril Assembly: Skin Fragility and Corneal Opacity in the Absence of Lumican. J. Cell Biol. *141*, 1277–1286.

Chelh, I., Rodriguez, J., Bonnieu, A., Cassar-Malek, I., Cottin, P., Gabillard, J.C., Leibovitch, S., Sassi, A.H., Seiliez, I., and Picard, B. (2009). La myostatine: un régulateur négatif de la masse musculaire chez les vertébrés. Prod. Anim. *22*, 397–408.

Chiba, A., Matsumura, K., Yamada, H., Inazu, T., Shimizu, T., Kusunoki, S., Kanazawa, I., Kobata, A., and Endo, T. (1997). Structures of sialylated O-linked oligosaccharides of bovine peripheral nerve α-dystroglycan. The role of a novel O-mannosyl-type oligosaccharide in the binding of α-dystroglycan with laminin. J. Biol. Chem. *272*, 2156–2162.

Church, J.C.T., Noronha, R.F.X., and Allbrook, D.B. (1966). Satellite cells and skeletal muscle regeneration. Br. J. Surg. *53*, 638–642.

Collins, C.A., Olsen, I., Zammit, P.S., Heslop, L., Petrie, A., Partridge, T.A., and Morgan, J.E. (2005). Stem cell function, self-renewal, and behavioral heterogeneity of cells from the adult muscle satellite cell niche. Cell *122*, 289–301.

Conboy, I.M., Conboy, M.J., Smythe, G.M., and Rando, T.A. (2003). Notch-mediated restoration of regenerative potential to aged muscle. Science *302*, 1575–1577.

Contreras-Shannon, V., Ochoa, O., Reyes-Reyna, S.M., Sun, D., Michalek, J.E., Kuziel, W.A., McManus, L.M., and Shireman, P.K. (2007). Fat accumulation with altered inflammation and regeneration in skeletal muscle of CCR2-/- mice following ischemic injury. Am. J. Physiol. Cell Physiol. *292*, C953–967.

Cooper, G.M. (1999). La cellule: Une approche moléculaire (De Boeck Supérieur).

Coujard, R., and Poirier, J. (1980). Précis d'histologie humaine (Presses Université Laval).

Coutinho, P.M., Deleury, E., Davies, G.J., and Henrissat, B. (2003). An evolving hierarchical family classification for glycosyltransferases. J. Mol. Biol. *328*, 307–317.

Cross, G.S., Speer, A., Rosenthal, A., Forrest, S.M., Smith, T.J., Edwards, Y., Flint, T., Hill, D., and Davies, K.E. (1987). Deletions of fetal and adult muscle cDNA in Duchenne and Becker muscular dystrophy patients. EMBO J. *6*, 3277–3283.

Cushley, W., Singer, H.H., and Williamson, A.R. (1983). Co-operative nature of N-glycosylation of proteins at multiple sites: evidence from studies with tunicamycin. Biosci. Rep. *3*, 331–336.

Czifra, G., Tóth, I.B., Marincsák, R., Juhász, I., Kovács, I., Acs, P., Kovács, L., Blumberg, P.M., and Bíró, T. (2006). Insulin-like growth factor-I-coupled mitogenic signaling in primary cultured human skeletal muscle cells and in C2C12 myoblasts. A central role of protein kinase Cdelta. Cell. Signal. *18*, 1461–1472.

Al-Dehaimi, A.W., Blumsohn, A., and Eastell, R. (1999). Serum galactosyl hydroxylysine as a biochemical marker of bone resorption. Clin. Chem. *45*, 676–681.

Dempsey, L.A., Brunn, G.J., and Platt, J.L. (2000). Heparanase, a potential regulator of cell–matrix interactions. Trends Biochem. Sci. *25*, 349–351.

Dietrich, S. (1999). Regulation of hypaxial muscle development. Cell Tissue Res. *296*, 175–182.

Disatnik, M.H., and Rando, T.A. (1999). Integrin-mediated muscle cell spreading. The role of protein kinase c in outside-in and inside-out signaling and evidence of integrin cross-talk. J. Biol. Chem. *274*, 32486–32492.

Dixon, A.K., Tait, T.-M., Campbell, E.A., Bobrow, M., Roberts, R.G., and Freeman, T.C. (1997). Expression of the dystrophin-related protein 2 (Drp2) transcript in the mouse. J. Mol. Biol. *270*, 551–558.

Dobson, C.M., Hempel, S.J., Stalnaker, S.H., Stuart, R., and Wells, L. (2013). O-Mannosylation and human disease. Cell. Mol. Life Sci. *70*, 2849–2857.

Dolez, M., Nicolas, J.-F., and Hirsinger, E. (2011). Laminins, via heparan sulfate proteoglycans, participate in zebrafish myotome morphogenesis by modulating the pattern of Bmp responsiveness. Dev. Camb. Engl. *138*, 97–106.

Du, M., Huang, Y., Das, A.K., Yang, Q., Duarte, M.S., Dodson, M.V., and Zhu, M.-J. (2012). MEAT SCIENCE AND MUSCLE BIOLOGY SYMPOSIUM: Manipulating mesenchymal progenitor cell differentiation to optimize performance and carcass value of beef cattle. J. Anim. Sci. *91*, 1419–1427.

Ebashi, S., Endo, M., and Ohtsuki, I. (1969). Control of muscle contraction. Q. Rev. Biophys. *2*, 351–384.

Edmondson, D.G., and Olson, E.N. (1989). A gene with homology to the myc similarity region of MyoD1 is expressed during myogenesis and is sufficient to activate the muscle differentiation program. Genes Dev. *3*, 628–640.

Elkasrawy, M.N., and Hamrick, M.W. (2010). Myostatin (GDF-8) as a key factor linking muscle mass and bone structure. J. Musculoskelet. Neuronal Interact. *10*, 56–63.

Ellies, L.G., Tsuboi, S., Petryniak, B., Lowe, J.B., Fukuda, M., and Marth, J.D. (1998). Core 2 oligosaccharide biosynthesis distinguishes between selectin ligands essential for leukocyte homing and inflammation. Immunity *9*, 881–890.

Abu-Elmagd, M., Robson, L., Sweetman, D., Hadley, J., Francis-West, P., and Münsterburg, A. (2010). Wnt/Lef1 signaling acts via Pitx2 to regulate somite myogenesis. Dev. Biol. *337*, 211–219.

Endo, T. (1999). O-Mannosyl glycans in mammals. Biochim. Biophys. Acta BBA - Gen. Subj. *1473*, 237–246.

Farmer, S.R. (2006). Transcriptional control of adipocyte formation. Cell Metab. *4*, 263–273.

Finne, J., Krusius, T., Margolis, R.K., and Margolis, R.U. (1979). Novel mannitol-containing oligosaccharides obtained by mild alkaline borohydride treatment of a chondroitin sulfate proteoglycan from brain. J. Biol. Chem. *254*, 10295–10300.

Florini, J.R., Ewton, D.Z., and Roof, S.L. (1991). Insulin-like growth factor-I stimulates terminal myogenic differentiation by induction of myogenin gene expression. Mol. Endocrinol. Baltim. Md *5*, 718–724.

Frosk, P., Weiler, T., Nylen, E., Sudha, T., Greenberg, C., Morgan, K., Fujiwara, T., and Wrogemann, K. (2002). Limb-Girdle Muscular Dystrophy Type 2H Associated with Mutation in TRIM32, a Putative E3-Ubiquitin–Ligase Gene. Am. J. Hum. Genet. *70*, 663–672.

Fu, Y., Pizzuti, A., Fenwick, R., King, J., Rajnarayan, S., Dunne, P., Dubel, J., Nasser, G., Ashizawa, T., de Jong, P., et al. (1992). An unstable triplet repeat in a gene related to myotonic muscular dystrophy. Science *255*, 1256–1258.

Funderburgh, J.L. (2002). Keratan sulfate biosynthesis. IUBMB Life *54*, 187–194.

Gayraud-Morel, B., Chrétien, F., Flamant, P., Gomès, D., Zammit, P.S., and Tajbakhsh, S. (2007). A role for the myogenic determination gene Myf5 in adult regenerative myogenesis. Dev. Biol. *312*, 13–28.

Gesta, S., Tseng, Y.-H., and Kahn, C.R. (2007). Developmental Origin of Fat: Tracking Obesity to Its Source. Cell *131*, 242–256.

Gilbert, S.F. (1997). Developmental biology (Sinauer Associates).

Godfrey, C., Foley, A.R., Clement, E., and Muntoni, F. (2011). Dystroglycanopathies: coming into focus. Curr. Opin. Genet. Dev. *21*, 278–285.

Goldspink, G., Fernandes, K., Williams, P.E., and Wells, D.J. (1994). Age-related changes in collagen gene expression in the muscles of mdx dystrophic and normal mice. Neuromuscul. Disord. NMD *4*, 183–191.

Gopinath, S.D., and Rando, T.A. (2008). Stem cell review series: aging of the skeletal muscle stem cell niche. Aging Cell *7*, 590–598.

Goudenege, S., Pisani, D.F., Wdziekonski, B., Di Santo, J.P., Bagnis, C., Dani, C., and Dechesne, C.A. (2009). Enhancement of myogenic and muscle repair capacities of human adipose-derived stem cells with forced expression of MyoD. Mol. Ther. J. Am. Soc. Gene Ther. *17*, 1064–1072.

Gouttenoire, J., Bougault, C., Aubert-Foucher, E., Perrier, E., Ronzière, M.-C., Sandell, L., Lundgren-Akerlund, E., and Mallein-Gerin, F. (2010). BMP-2 and TGF-beta1 differentially control expression of type II procollagen and alpha 10 and alpha 11 integrins in mouse chondrocytes. Eur. J. Cell Biol. *89*, 307–314.

Greenberg, S.A., Salajegheh, M., Judge, D.P., Feldman, M.W., Kuncl, R.W., Waldon, Z., Steen, H., and Wagner, K.R. (2012). Etiology of limb girdle muscular dystrophy 1D/1E determined by laser capture microdissection proteomics. Ann. Neurol. *71*, 141–145.

Grefte, S., Vullinghs, S., Kuijpers-Jagtman, A.M., Torensma, R., and Von den Hoff, J.W. (2012). Matrigel, but not collagen I, maintains the differentiation capacity of muscle derived cells in vitro. Biomed. Mater. Bristol Engl. *7*, 055004.

Gregoire, F.M., Smas, C.M., and Sul, H.S. (1998). Understanding adipocyte differentiation. Physiol. Rev. *78*, 783–809.

Grimaldi, P.A., Teboul, L., Inadera, H., Gaillard, D., and Amri, E.Z. (1997). Trans-differentiation of myoblasts to adipoblasts: triggering effects of fatty acids and thiazolidinediones. Prostaglandins Leukot. Essent. Fatty Acids *57*, 71–75.

Gros, J., Serralbo, O., and Marcelle, C. (2009). WNT11 acts as a directional cue to organize the elongation of early muscle fibres. Nature *457*, 589–593.

Gu, J., Isaji, T., Xu, Q., Kariya, Y., Gu, W., Fukuda, T., and Du, Y. (2012). Potential roles of N-glycosylation in cell adhesion. Glycoconj. J. *29*, 599–607.

Gueneau, L., Bertrand, A.T., Jais, J.-P., Salih, M.A., Stojkovic, T., Wehnert, M., Hoeltzenbein, M., Spuler, S., Saitoh, S., Verschueren, A., et al. (2009). Mutations of the FHL1 Gene Cause Emery-Dreifuss Muscular Dystrophy. Am. J. Hum. Genet. *85*, 338–353.

Gundesli, H., Talim, B., Korkusuz, P., Balci-Hayta, B., Cirak, S., Akarsu, N.A., Topaloglu, H., and Dincer, P. (2010). Mutation in Exon 1f of PLEC, Leading to Disruption of Plectin Isoform 1f, Causes Autosomal-Recessive Limb-Girdle Muscular Dystrophy. Am. J. Hum. Genet. *87*, 834–841.

Gutiérrez, J., and Brandan, E. (2010). A novel mechanism of sequestering fibroblast growth factor 2 by glypican in lipid rafts, allowing skeletal muscle differentiation. Mol. Cell. Biol. *30*, 1634–1649.

Hackman, P., Vihola, A., Haravuori, H., Marchand, S., Sarparanta, J., de Seze, J., Labeit, S., Witt, C., Peltonen, L., Richard, I., et al. (2002). Tibial Muscular Dystrophy Is a Titinopathy Caused by Mutations in TTN, the Gene Encoding the Giant Skeletal-Muscle Protein Titin. Am. J. Hum. Genet. *71*, 492–500.

Halbrooks, P.J., Ding, R., Wozney, J.M., and Bain, G. (2007). Role of RGM coreceptors in bone morphogenetic protein signaling. J. Mol. Signal. *2*, 4.

Haldar, M., Karan, G., Tvrdik, P., and Capecchi, M.R. (2008). Two cell lineages, myf5 and myf5-independent, participate in mouse skeletal myogenesis. Dev. Cell *14*, 437–445.

Hamouda, H., Ullah, M., Berger, M., Sittinger, M., Tauber, R., Ringe, J., and Blanchard, V. (2013). N-Glycosylation Profile of Undifferentiated and Adipogenically Differentiated Human Bone Marrow Mesenchymal Stem Cells - Towards a Next Generation of Stem Cell Markers. Stem Cells Dev. 130707215800003.

Han, D., Zhao, H., Parada, C., Hacia, J.G., Bringas, P., Jr, and Chai, Y. (2012). A TGFβ-Smad4-Fgf6 signaling cascade controls myogenic differentiation and myoblast fusion during tongue development. Dev. Camb. Engl. *139*, 1640–1650.

Hara, Y., Balci-Hayta, B., Yoshida-Moriguchi, T., Kanagawa, M., Beltrán-Valero de Bernabé, D., Gündeşli, H., Willer, T., Satz, J.S., Crawford, R.W., Burden, S.J., et al. (2011). A Dystroglycan Mutation Associated with Limb-Girdle Muscular Dystrophy. N. Engl. J. Med. *364*, 939–946.

Hauser, M.A. (2000). Myotilin is mutated in limb girdle muscular dystrophy 1A. Hum. Mol. Genet. *9*, 2141–2147.

Hausman, G.J. (2012). Meat Science and Muscle Biology Symposium: the influence of extracellular matrix on intramuscular and extramuscular adipogenesis. J. Anim. Sci. *90*, 942–949.

Hayashi, K., and Ozawa, E. (1995). Myogenic cell migration from somites is induced by tissue contact with medial region of the presumptive limb mesoderm in chick embryos. Dev. Camb. Engl. *121*, 661–669.

Henion, T.R., Zhou, D., Wolfer, D.P., Jungalwala, F.B., and Hennet, T. (2001). Cloning of a mouse beta 1,3 N-acetylglucosaminyltransferase GlcNAc(beta 1,3)Gal(beta 1,4)Glc-ceramide synthase gene encoding the key regulator of lacto-series glycolipid biosynthesis. J. Biol. Chem. *276*, 30261–30269.

Hennebry, A., Berry, C., Siriett, V., O'Callaghan, P., Chau, L., Watson, T., Sharma, M., and Kambadur, R. (2009). Myostatin regulates fiber-type composition of skeletal muscle by regulating MEF2 and MyoD gene expression. Am. J. Physiol. Cell Physiol. *296*, C525–534.

Henriquez, J.P., Casar, J.C., Fuentealba, L., Carey, D.J., and Brandan, E. (2002). Extracellular matrix histone H1 binds to perlecan, is present in regenerating skeletal muscle and stimulates myoblast proliferation. J. Cell Sci. *115*, 2041–2051.

Hindi, S.M., Tajrishi, M.M., and Kumar, A. (2013). Signaling Mechanisms in Mammalian Myoblast Fusion. Sci. Signal. *6*, re2.

Hosoyama, T., Ishiguro, N., Yamanouchi, K., and Nishihara, M. (2009). Degenerative muscle fiber accelerates adipogenesis of intramuscular cells via RhoA signaling pathway. Differ. Res. Biol. Divers. *77*, 350–359.

Hyatt, J.-P.K., McCall, G.E., Kander, E.M., Zhong, H., Roy, R.R., and Huey, K.A. (2008). PAX3/7 expression coincides with MyoD during chronic skeletal muscle overload. Muscle Nerve *38*, 861–866.

Irintchev, A., Zeschnigk, M., Starzinski-Powitz, A., and Wernig, A. (1994). Expression pattern of M-cadherin in normal, denervated, and regenerating mouse muscles. Dev. Dyn. Off. Publ. Am. Assoc. Anat. *199*, 326–337.

Ito, T., Williams, J.D., Fraser, D.J., and Phillips, A.O. (2004). Hyaluronan regulates transforming growth factor-beta1 receptor compartmentalization. J. Biol. Chem. *279*, 25326–25332.

Janik, M.E., Lityńska, A., and Vereecken, P. (2010). Cell migration-the role of integrin glycosylation. Biochim. Biophys. Acta *1800*, 545–555.

Janot, M., Audfray, A., Loriol, C., Germot, A., Maftah, A., and Dupuy, F. (2009). Glycogenome expression dynamics during mouse C2C12 myoblast differentiation suggests a sequential reorganization of membrane glycoconjugates. BMC Genomics *10*, 483.

Jansen, G., Mahadevan, M., Amemiya, C., Wormskamp, N., Segers, B., Hendriks, W., O'Hoy, K., Baird, S., Sabourin, L., Lennon, G., et al. (1992). Characterization of the myotonic dystrophy region predicts multiple protein isoform–encoding mRNAs. Nat. Genet. *1*, 261–266.

Jones, J.I., Doerr, M.E., and Clemmons, D.R. (1995). Cell migration: interactions among integrins, IGFs and IGFBPs. Prog. Growth Factor Res. *6*, 319–327.

Kang, J.-S., and Krauss, R.S. (2010). Muscle stem cells in developmental and regenerative myogenesis. Curr. Opin. Clin. Nutr. Metab. Care *13*, 243–248.

Kästner, S., Elias, M.C., Rivera, A.J., and Yablonka-Reuveni, Z. (2000). Gene expression patterns of the fibroblast growth factors and their receptors during myogenesis of rat satellite cells. J. Histochem. Cytochem. Off. J. Histochem. Soc. *48*, 1079–1096.

Kast-Woelbern, H.R., Dana, S.L., Cesario, R.M., Sun, L., de Grandpre, L.Y., Brooks, M.E., Osburn, D.L., Reifel-Miller, A., Klausing, K., and Leibowitz, M.D. (2004). Rosiglitazone induction of Insig-1 in white adipose tissue reveals a novel interplay of peroxisome proliferator-activated receptor gamma and sterol regulatory element-binding protein in the regulation of adipogenesis. J. Biol. Chem. *279*, 23908–23915.

Katagiri, T., Yamaguchi, A., Ikeda, T., Yoshiki, S., Wozney, J.M., Rosen, V., Wang, E.A., Tanaka, H., Omura, S., and Suda, T. (1990). The non-osteogenic mouse pluripotent cell line, C3H10T1/2, is induced to differentiate into osteoblastic cells by recombinant human bone morphogenetic protein-2. Biochem. Biophys. Res. Commun. *172*, 295–299.

Katagiri, T., Yamaguchi, A., Komaki, M., Abe, E., Takahashi, N., Ikeda, T., Rosen, V., Wozney, J.M., Fujisawa-Sehara, A., and Suda, T. (1994). Bone morphogenetic protein-2 converts the differentiation pathway of C2C12 myoblasts into the osteoblast lineage. J. Cell Biol. *127*, 1755–1766.

Katagiri, T., Akiyama, S., Namiki, M., Komaki, M., Yamaguchi, A., Rosen, V., Wozney, J.M., Fujisawa-Sehara, A., and Suda, T. (1997). Bone morphogenetic protein-2 inhibits terminal differentiation of myogenic cells by suppressing the transcriptional activity of MyoD and myogenin. Exp. Cell Res. *230*, 342–351.

Katagiri, T., Imada, M., Yanai, T., Suda, T., Takahashi, N., and Kamijo, R. (2002). Identification of a BMP-responsive element in Id1, the gene for inhibition of myogenesis. Genes Cells Devoted Mol. Cell. Mech. *7*, 949–960.

Kaufmann, U., Kirsch, J., Irintchev, A., Wernig, A., and Starzinski-Powitz, A. (1999). The M-cadherin catenin complex interacts with microtubules in skeletal muscle cells: implications for the fusion of myoblasts. J. Cell Sci. *112 (Pt 1)*, 55–68.

Kirk, S.P., Oldham, J.M., Jeanplong, F., and Bass, J.J. (2003). Insulin-like growth factor-II delays early but enhances late regeneration of skeletal muscle. J. Histochem. Cytochem. Off. J. Histochem. Soc. *51*, 1611–1620.

Kirkland, J.L., Tchkonia, T., Pirtskhalava, T., Han, J., and Karagiannides, I. (2002). Adipogenesis and aging: does aging make fat go MAD? Exp. Gerontol. *37*, 757–767.

Kirschner, J. (2013). Congenital muscular dystrophies. Handb. Clin. Neurol. *113*, 1377–1385.

Kitayama, K., Hayashida, Y., Nishida, K., and Akama, T.O. (2007). Enzymes Responsible for Synthesis of Corneal Keratan Sulfate Glycosaminoglycans. J. Biol. Chem. *282*, 30085–30096.

Klages, F. (1934). Zur Kenntnis der Steinnuß-mannane. I. Die Konstitution von Mannan A. Justus Liebigs Ann. Chem. *509*, 159–181.

Kobayashi, K., Nakahori, Y., Miyake, M., Matsumura, K., Kondo-Iida, E., Nomura, Y., Segawa, M., Yoshioka, M., Saito, K., Osawa, M., et al. (1998). An ancient retrotransposal insertion causes Fukuyama-type congenital muscular dystrophy. Nature *394*, 388–392.

Koenig, M., Hoffman, E.P., Bertelson, C.J., Monaco, A.P., Feener, C., and Kunkel, L.M. (1987). Complete cloning of the Duchenne muscular dystrophy (DMD) cDNA and preliminary genomic organization of the DMD gene in normal and affected individuals. Cell *50*, 509–517.

Kollias, H.D., and McDermott, J.C. (2008). Transforming growth factor-beta and myostatin signaling in skeletal muscle. J. Appl. Physiol. Bethesda Md 1985 *104*, 579–587.

Kolter, T., Proia, R.L., and Sandhoff, K. (2002). Combinatorial Ganglioside Biosynthesis. J. Biol. Chem. *277*, 25859–25862.

Kowaljow, V., Marcowycz, A., Ansseau, E., Conde, C.B., Sauvage, S., Mattéotti, C., Arias, C., Corona, E.D., Nuñez, N.G., Leo, O., et al. (2007). The DUX4 gene at the FSHD1A locus encodes a pro-apoptotic protein. Neuromuscul. Disord. *17*, 611–623.

Koya, D., Dennis, J.W., Warren, C.E., Takahara, N., Schoen, F.J., Nishio, Y., Nakajima, T., Lipes, M.A., and King, G.L. (1999). Overexpression of core 2 N-acetylglycosaminyltransferase enhances cytokine actions and induces hypertrophic myocardium in transgenic mice. FASEB J. *13*, 2329–2337.

Krämer, D.K., Bouzakri, K., Holmqvist, O., Al-Khalili, L., and Krook, A. (2005). Effect of serum replacement with plysate on cell growth and metabolismin primary cultures of human skeletal muscle. Cytotechnology *48*, 89–95.

Krusius, T., Finne, J., Margolis, R.K., and Margolis, R.U. (1986). Identification of an O-glycosidic mannose-linked sialylated tetrasaccharide and keratan sulfate oligosaccharides in the chondroitin sulfate proteoglycan of brain. J. Biol. Chem. *261*, 8237–8242.

Lacombe, M. (2007). Le Lacombe: précis d'anatomie & de physiologie humaines (Editions Lamarre).

Lagha, M., Kormish, J.D., Rocancourt, D., Manceau, M., Epstein, J.A., Zaret, K.S., Relaix, F., and Buckingham, M.E. (2008a). Pax3 regulation of FGF signaling affects the progression of embryonic progenitor cells into the myogenic program. Genes Dev. *22*, 1828–1837.

Lagha, M., Sato, T., Bajard, L., Daubas, P., Esner, M., Montarras, D., Relaix, F., and Buckingham, M. (2008b). Regulation of skeletal muscle stem cell behavior by Pax3 and Pax7. Cold Spring Harb. Symp. Quant. Biol. *73*, 307–315.

Lander, A.D., Kimble, J., Clevers, H., Fuchs, E., Montarras, D., Buckingham, M., Calof, A.L., Trumpp, A., and Oskarsson, T. (2012). What does the concept of the stem cell niche really mean today? BMC Biol. *10*, 19.

Lassar, A.B., Paterson, B.M., and Weintraub, H. (1986). Transfection of a DNA locus that mediates the conversion of 10T1/2 fibroblasts to myoblasts. Cell *47*, 649–656.

Lau, K.S., Partridge, E.A., Grigorian, A., Silvescu, C.I., Reinhold, V.N., Demetriou, M., and Dennis, J.W. (2007). Complex N-glycan number and degree of branching cooperate to regulate cell proliferation and differentiation. Cell *129*, 123–134.

Lee, S.-J. (2004). Regulation of Muscle Mass by Myostatin. Annu. Rev. Cell Dev. Biol. *20*, 61–86.

Lee, S.-J. (2010). Extracellular Regulation of Myostatin: A Molecular Rheostat for Muscle Mass. Immunol. Endocr. Metab. Agents Med. Chem. *10*, 183–194.

Lee, E.J., Lee, H.J., Kamli, M.R., Pokharel, S., Bhat, A.R., Lee, Y.-H., Choi, B.-H., Chun, T., Kang, S.W., Lee, Y.S., et al. (2012). Depot-specific gene expression profiles during differentiation and transdifferentiation of bovine muscle satellite cells, and differentiation of preadipocytes. Genomics *100*, 195–202.

Lehnert, S.A., Reverter, A., Byrne, K.A., Wang, Y., Nattrass, G.S., Hudson, N.J., and Greenwood, P.L. (2007). Gene expression studies of developing bovine longissimus muscle from two different beef cattle breeds. BMC Dev. Biol. *7*, 95.

Lemmers, R.J.L.F., van der Vliet, P.J., Klooster, R., Sacconi, S., Camano, P., Dauwerse, J.G., Snider, L., Straasheijm, K.R., Jan van Ommen, G., Padberg, G.W., et al. (2010). A Unifying Genetic Model for Facioscapulohumeral Muscular Dystrophy. Science *329*, 1650–1653.

Lemmers, R.J.L.F., Tawil, R., Petek, L.M., Balog, J., Block, G.J., Santen, G.W.E., Amell, A.M., van der Vliet, P.J., Almomani, R., Straasheijm, K.R., et al. (2012). Digenic inheritance of an SMCHD1 mutation and an FSHD-permissive D4Z4 allele causes facioscapulohumeral muscular dystrophy type 2. Nat. Genet. *44*, 1370–1374.

Leschziner, A., Moukhles, H., Lindenbaum, M., Gee, S.H., Butterworth, J., Campbell, K.P., and Carbonetto, S. (2000). Neural Regulation of α-Dystroglycan Biosynthesis and Glycosylation in Skeletal Muscle. J. Neurochem. *74*, 70–80.

Li, X., and Velleman, S.G. (2009). Effect of transforming growth factor-beta1 on decorin expression and muscle morphology during chicken embryonic and posthatch growth and development. Poult. Sci. *88*, 387–397.

Li, J., Rao, H., Burkin, D., Kaufman, S.J., and Wu, C. (2003). The muscle integrin binding protein (MIBP) interacts with alpha7beta1 integrin and regulates cell adhesion and laminin matrix deposition. Dev. Biol. *261*, 209–219.

Li, X., McFarland, D.C., and Velleman, S.G. (2008). Extracellular matrix proteoglycan decorin-mediated myogenic satellite cell responsiveness to transforming growth factor-beta1 during cell proliferation and differentiation Decorin and transforming growth factor-beta1 in satellite cells. Domest. Anim. Endocrinol. *35*, 263–273.

Lim, L.E., Duclos, F., Broux, O., Bourg, N., Sunada, Y., Allamand, V., Meyer, J., Richard, I., Moomaw, C., Slaughter, C., et al. (1995). β–sarcoglycan: characterization and role in limb–girdle muscular dystrophy linked to 4q12. Nat. Genet. *11*, 257–265.

Lipina, C., Kendall, H., McPherron, A.C., Taylor, P.M., and Hundal, H.S. (2010). Mechanisms involved in the enhancement of mammalian target of rapamycin signalling and hypertrophy in skeletal muscle of myostatin-deficient mice. FEBS Lett. *584*, 2403–2408.

Liquori, C.L. (2001). Myotonic Dystrophy Type 2 Caused by a CCTG Expansion in Intron 1 of ZNF9. Science *293*, 864–867.

Liu, J., Aoki, M., Illa, I., Wu, C., Fardeau, M., Angelini, C., Serrano, C., Urtizberea, J.A., Hentati, F., Hamida, M.B., et al. (1998). Dysferlin, a novel skeletal muscle gene, is mutated in Miyoshi myopathy and limb girdle muscular dystrophy. Nat. Genet. *20*, 31–36.

Lock, J.G., Wehrle-Haller, B., and Strömblad, S. (2008). Cell-matrix adhesion complexes: master control machinery of cell migration. Semin. Cancer Biol. *18*, 65–76.

Longman, C. (2003). Mutations in the human LARGE gene cause MDC1D, a novel form of congenital muscular dystrophy with severe mental retardation and abnormal glycosylation of -dystroglycan. Hum. Mol. Genet. *12*, 2853–2861.

Loriol, C., Audfray, A., Dupuy, F., Germot, A., and Maftah, A. (2007). The two N-glycans present on bovine Pofut1 are differently involved in its solubility and activity. FEBS J. *274*, 1202–1211.

Lowry, V.K., Farnell, M.B., Ferro, P.J., Swaggerty, C.L., Bahl, A., and Kogut, M.H. (2005). Purified beta-glucan as an abiotic feed additive up-regulates the innate immune response in immature chickens against Salmonella enterica serovar Enteritidis. Int. J. Food Microbiol. *98*, 309–318.

Lu, D., Yang, C., and Liu, Z. (2012). How hydrophobicity and the glycosylation site of glycans affect protein folding and stability: a molecular dynamics simulation. J. Phys. Chem. B *116*, 390–400.

Lucau-Danila, A., Lelandais, G., Kozovska, Z., Tanty, V., Delaveau, T., Devaux, F., and Jacq, C. (2005). Early expression of yeast genes affected by chemical stress. Mol. Cell. Biol. *25*, 1860–1868.

Luo, Y., Nita-Lazar, A., and Haltiwanger, R.S. (2006). Two distinct pathways for O-fucosylation of epidermal growth factor-like or thrombospondin type 1 repeats. J. Biol. Chem. *281*, 9385–9392.

Luther, P.K., Winkler, H., Taylor, K., Zoghbi, M.E., Craig, R., Padron, R., Squire, J.M., and Liu, J. (2011). Direct visualization of myosin-binding protein C bridging myosin and actin filaments in intact muscle. Proc. Natl. Acad. Sci. U. S. A. *108*, 11423–11428.

Ma, X.M., and Blenis, J. (2009). Molecular mechanisms of mTOR-mediated translational control. Nat. Rev. Mol. Cell Biol. *10*, 307–318.

Ma, W., Tavakoli, T., Derby, E., Serebryakova, Y., Rao, M.S., and Mattson, M.P. (2008). Cell-extracellular matrix interactions regulate neural differentiation of human embryonic stem cells. BMC Dev. Biol. *8*, 90.

Magri, F., Del Bo, R., D'Angelo, M.G., Govoni, A., Ghezzi, S., Gandossini, S., Sciacco, M., Ciscato, P., Bordoni, A., Tedeschi, S., et al. (2011). Clinical and molecular characterization of a cohort of patients with novel nucleotide alterations of the Dystrophin gene detected by direct sequencing. BMC Med. Genet. *12*, 37.

Mahadevan, M., Tsilfidis, C., Sabourin, L., Shutler, G., Amemiya, C., Jansen, G., Neville, C., Narang, M., Barcelo, J., O'Hoy, K., et al. (1992). Myotonic dystrophy mutation: an unstable CTG repeat in the 3' untranslated region of the gene. Science *255*, 1253–1255.

Von Maltzahn, J., Chang, N.C., Bentzinger, C.F., and Rudnicki, M.A. (2012). Wnt signaling in myogenesis. Trends Cell Biol. *22*, 602–609.

Manzini, M.C., Tambunan, D.E., Hill, R.S., Yu, T.W., Maynard, T.M., Heinzen, E.L., Shianna, K.V., Stevens, C.R., Partlow, J.N., Barry, B.J., et al. (2012). Exome Sequencing and Functional Validation in Zebrafish Identify GTDC2 Mutations as a Cause of Walker-Warburg Syndrome. Am. J. Hum. Genet. *91*, 541–547.

Martin, P.T., and Sanes, J.R. (1997). Integrins mediate adhesion to agrin and modulate agrin signaling. Dev. Camb. Engl. *124*, 3909–3917.

Martin, R. Glycogénome et maladies à prions : étude de la corrélation entre l'expression du gène Chst8 et l'apparition de PrPres. thesis. Université de Limoges.

Matsuo, I., and Kimura-Yoshida, C. (2013). Extracellular modulation of Fibroblast Growth Factor signaling through heparan sulfate proteoglycans in mammalian development. Curr. Opin. Genet. Dev.

McGrew, M.J., and Pourquié, O. (1998). Somitogenesis: segmenting a vertebrate. Curr. Opin. Genet. Dev. *8*, 487–493.

McPherron, A.C., and Lee, S.J. (1997). Double muscling in cattle due to mutations in the myostatin gene. Proc. Natl. Acad. Sci. U. S. A. *94*, 12457–12461.

McPherron, A.C., Lawler, A.M., and Lee, S.J. (1997). Regulation of skeletal muscle mass in mice by a new TGF-beta superfamily member. Nature *387*, 83–90.

Miller, J.B. (1990). Myogenic programs of mouse muscle cell lines: expression of myosin heavy chain isoforms, MyoD1, and myogenin. J. Cell Biol. *111*, 1149–1159.

Miller, K.J., Thaloor, D., Matteson, S., and Pavlath, G.K. (2000). Hepatocyte growth factor affects satellite cell activation and differentiation in regenerating skeletal muscle. Am. J. Physiol. Cell Physiol. *278*, C174–181.

Miner, J.H., and Wold, B. (1990). Herculin, a fourth member of the MyoD family of myogenic regulatory genes. Proc. Natl. Acad. Sci. U. S. A. *87*, 1089–1093.

Minetti, C., Sotgia, F., Bruno, C., Scartezzini, P., Broda, P., Bado, M., Masetti, E., Mazzocco, M., Egeo, A., Donati, M.A., et al. (1998). Mutations in the caveolin-3 gene cause autosomal dominant limb-girdle muscular dystrophy. Nat. Genet. *18*, 365–368.

Miyazono, K., Maeda, S., and Imamura, T. (2005). BMP receptor signaling: transcriptional targets, regulation of signals, and signaling cross-talk. Cytokine Growth Factor Rev. *16*, 251–263.

Mok, G.F., and Sweetman, D. (2011). Many routes to the same destination: lessons from skeletal muscle development. Reprod. Camb. Engl. *141*, 301–312.

Moloney, D.J., Shair, L.H., Lu, F.M., Xia, J., Locke, R., Matta, K.L., and Haltiwanger, R.S. (2000). Mammalian Notch1 is modified with two unusual forms of O-linked glycosylation found on epidermal growth factor-like modules. J. Biol. Chem. *275*, 9604–9611.

Monaco, A.P., Neve, R.L., Colletti-Feener, C., Bertelson, C.J., Kurnit, D.M., and Kunkel, L.M. (1986). Isolation of candidate cDNAs for portions of the Duchenne muscular dystrophy gene. Nature *323*, 646–650.

Montarras, D., Morgan, J., Collins, C., Relaix, F., Zaffran, S., Cumano, A., Partridge, T., and Buckingham, M. (2005). Direct isolation of satellite cells for skeletal muscle regeneration. Science *309*, 2064–2067.

Moreira, E.S., Wiltshire, T.J., Faulkner, G., Nilforoushan, A., Vainzof, M., Suzuki, O.T., Valle, G., Reeves, R., Zatz, M., Passos-Bueno, M.R., et al. (2000). Limb-girdle muscular dystrophy type 2G is caused by mutations in the gene encoding the sarcomeric protein telethonin. Nat. Genet. *24*, 163–166.

Moremen, K.W., Tiemeyer, M., and Nairn, A.V. (2012). Vertebrate protein glycosylation: diversity, synthesis and function. Nat. Rev. Mol. Cell Biol. *13*, 448–462.

Mu, D., Cambier, S., Fjellbirkeland, L., Baron, J.L., Munger, J.S., Kawakatsu, H., Sheppard, D., Broaddus, V.C., and Nishimura, S.L. (2002). The integrin $\alpha v \beta 8$ mediates epithelial homeostasis through MT1-MMP–dependent activation of TGF-$\beta 1$. J. Cell Biol. *157*, 493–507.

Mukai, A., and Hashimoto, N. (2013). Regulation of pre-fusion events: recruitment of M-cadherin to microrafts organized at fusion-competent sites of myogenic cells. BMC Cell Biol. *14*, 37.

Mukai, A., Kurisaki, T., Sato, S.B., Kobayashi, T., Kondoh, G., and Hashimoto, N. (2009). Dynamic clustering and dispersion of lipid rafts contribute to fusion competence of myogenic cells. Exp. Cell Res. *315*, 3052–3063.

Munsterberg, A.E., Kitajewski, J., Bumcrot, D.A., McMahon, A.P., and Lassar, A.B. (1995). Combinatorial signaling by Sonic hedgehog and Wnt family members induces myogenic bHLH gene expression in the somite. Genes Dev. *9*, 2911–2922.

Mutoh, T., Tokuda, A., Miyadai, T., Hamaguchi, M., and Fujiki, N. (1995). Ganglioside GM1 binds to the Trk protein and regulates receptor function. Proc. Natl. Acad. Sci. U. S. A. *92*, 5087–5091.

Nakano, M., Saldanha, R., Gobel, A., Kavallaris, M., and Packer, N.H. (2011). Identification of glycan structure alterations on cell membrane proteins in desoxyepothilone B resistant leukemia cells. Mol. Cell. Proteomics.

Nakashima, K., Zhou, X., Kunkel, G., Zhang, Z., Deng, J.M., Behringer, R.R., and de Crombrugghe, B. (2002). The novel zinc finger-containing transcription factor osterix is required for osteoblast differentiation and bone formation. Cell *108*, 17–29.

Nedachi, T., Kadotani, A., Ariga, M., Katagiri, H., and Kanzaki, M. (2008). Ambient glucose levels qualify the potency of insulin myogenic actions by regulating SIRT1 and FoxO3a in C2C12 myocytes. Am. J. Physiol. - Endocrinol. Metab. *294*, E668 – E678.

Nigro, V., Moreira, E. de S., Piluso, G., Vainzof, M., Belsito, A., Politano, L., Puca, A.A., Passos-Bueno, M.R., and Zatz, M. (1996). Autosomal recessive limbgirdle muscular dystrophy, LGMD2F, is caused by a mutation in the δ–sarcoglycan gene. Nat. Genet. *14*, 195–198.

Nishitoh, H., Ichijo, H., Kimura, M., Matsumoto, T., Makishima, F., Yamaguchi, A., Yamashita, H., Enomoto, S., and Miyazono, K. (1996). Identification of type I and type II serine/threonine kinase receptors for growth/differentiation factor-5. J. Biol. Chem. *271*, 21345–21352.

Noguchi, S., McNally, E.M., Othmane, K.B., Hagiwara, Y., Mizuno, Y., Yoshida, M., Yamamoto, H., B nnemann, C.G., Gussoni, E., Denton, P.H., et al. (1995). Mutations in the Dystrophin-Associated Protein [IMAGE]-Sarcoglycan in Chromosome 13 Muscular Dystrophy. Science *270*, 819–822.

Ogawa, M., Sakakibara, Y., and Kamemura, K. (2013). Requirement of decreased O-GlcNAc glycosylation of Mef2D for its recruitment to the myogenin promoter. Biochem. Biophys. Res. Commun. *433*, 558–562.

Okada, S., Nonaka, I., and Chou, S.M. (1984). Muscle fiber type differentiation and satellite cell populations in normally grown and neonatally denervated muscles in the rat. Acta Neuropathol. (Berl.) *65*, 90–98.

Opavsky, R., Haviernik, P., Jurkovicova, D., Garin, M.T., Copeland, N.G., Gilbert, D.J., Jenkins, N.A., Bies, J., Garfield, S., Pastorekova, S., et al. (2001). Molecular characterization of the mouse Tem1/endosialin gene regulated by cell density in vitro and expressed in normal tissues in vivo. J. Biol. Chem. *276*, 38795–38807.

Pallafacchina, G., François, S., Regnault, B., Czarny, B., Dive, V., Cumano, A., Montarras, D., and Buckingham, M. (2010). An adult tissue-specific stem cell in its niche: a gene profiling analysis of in vivo quiescent and activated muscle satellite cells. Stem Cell Res. *4*, 77–91.

Panin, V.M., Shao, L., Lei, L., Moloney, D.J., Irvine, K.D., and Haltiwanger, R.S. (2002). Notch ligands are substrates for protein O-fucosyltransferase-1 and Fringe. J. Biol. Chem. *277*, 29945–29952.

Park, I.-S., Han, M., Rhie, J.-W., Kim, S.H., Jung, Y., Kim, I.H., and Kim, S.-H. (2009). The correlation between human adipose-derived stem cells differentiation and cell adhesion mechanism. Biomaterials *30*, 6835–6843.

Parker, M.H., Perry, R.L.S., Fauteux, M.C., Berkes, C.A., and Rudnicki, M.A. (2006). MyoD synergizes with the E-protein HEB beta to induce myogenic differentiation. Mol. Cell. Biol. *26*, 5771–5783.

Patnaik, S.K., and Stanley, P. (2005). Mouse large can modify complex N- and mucin O-glycans on alpha-dystroglycan to induce laminin binding. J. Biol. Chem. *280*, 20851–20859.

Patrick, C.W., Jr, and Wu, X. (2003). Integrin-mediated preadipocyte adhesion and migration on laminin-1. Ann. Biomed. Eng. *31*, 505–514.

Pellegrini, L. (2001). Role of heparan sulfate in fibroblast growth factor signalling: a structural view. Curr. Opin. Struct. Biol. *11*, 629–634.

Perdivara, I., Perera, L., Sricholpech, M., Terajima, M., Pleshko, N., Yamauchi, M., and Tomer, K.B. (2013). Unusual fragmentation pathways in collagen glycopeptides. J. Am. Soc. Mass Spectrom. *24*, 1072–1081.

Picard, B., Lefaucheur, L., Berri, C., and Duclos, M.J. (2002). Muscle fibre ontogenesis in farm animal species. Reprod. Nutr. Dev. *42*, 415–431.

Picard, B., Jurie, C., Cassar-Malek, I., and Hocquette, J.F. (2003). Typologie et ontogenèse des fibres musculaires chez le bovin. INRA Prod Anim *16*, 125–131.

Pisani, D.F., Bottema, C.D.K., Butori, C., Dani, C., and Dechesne, C.A. (2010). Mouse model of skeletal muscle adiposity: a glycerol treatment approach. Biochem. Biophys. Res. Commun. *396*, 767–773.

Polesskaya, A., Seale, P., and Rudnicki, M.A. (2003). Wnt Signaling Induces the Myogenic Specification of Resident CD45+ Adult Stem Cells during Muscle Regeneration. Cell *113*, 841–852.

Potapenko, I.O., Haakensen, V.D., Lüders, T., Helland, Å., Bukholm, I., Sørlie, T., Kristensen, V.N., Lingjærde, O.C., and Børresen-Dale, A.-L. (2010). Glycan gene expression signatures in normal and malignant breast tissue; possible role in diagnosis and progression. Mol. Oncol. *4*, 98–118.

Price, N.J., Reiter, W.-D., and Raikhel, N.V. (2002). Molecular Genetics of Non-processive Glycosyltransferases. Arab. Book Am. Soc. Plant Biol. *1*, e0025.

Przewoźniak, M., Czaplicka, I., Czerwińska, A.M., Markowska-Zagrajek, A., Moraczewski, J., Stremińska, W., Jańczyk-Ilach, K., Ciemerych, M.A., and Brzoska, E. (2013). Adhesion proteins--an impact on skeletal myoblast differentiation. PloS One *8*, e61760.

Puckett, R.L., Moore, S.A., Winder, T.L., Willer, T., Romansky, S.G., Covault, K.K., Campbell, K.P., and Abdenur, J.E. (2009). Further evidence of Fukutin mutations as a cause of childhood onset limb-girdle muscular dystrophy without mental retardation. Neuromuscul. Disord. NMD *19*, 352–356.

Puri, P.L., and Sartorelli, V. (2000). Regulation of muscle regulatory factors by DNA-binding, interacting proteins, and post-transcriptional modifications. J. Cell. Physiol. *185*, 155–173.

Quinn, J.M., Elliott, J., Gillespie, M.T., and Martin, T.J. (1998). A combination of osteoclast differentiation factor and macrophage-colony stimulating factor is sufficient for both human and mouse osteoclast formation in vitro. Endocrinology *139*, 4424–4427.

Rahimov, F., and Kunkel, L.M. (2013). The cell biology of disease: cellular and molecular mechanisms underlying muscular dystrophy. J. Cell Biol. *201*, 499–510.

Ramadhani, D., Tsukada, T., Fujiwara, K., Horiguchi, K., Kikuchi, M., and Yashiro, T. (2012). Laminin isoforms and laminin-producing cells in rat anterior pituitary. Acta Histochem. Cytochem. *45*, 309–315.

Rath, V.L., Verdugo, D., and Hemmerich, S. (2004). Sulfotransferase structural biology and inhibitor discovery. Drug Discov. Today *9*, 1003–1011.

Van Reeuwijk, J. (2005). POMT2 mutations cause -dystroglycan hypoglycosylation and Walker-Warburg syndrome. J. Med. Genet. *42*, 907–912.

Rice, K.M., Lienhard, G.E., and Garner, C.W. (1992). Regulation of the expression of pp160, a putative insulin receptor signal protein, by insulin, dexamethasone, and 1-methyl-3-isobutylxanthine in 3T3-L1 adipocytes. J. Biol. Chem. *267*, 10163–10167.

Richard, A.-F., Demignon, J., Sakakibara, I., Pujol, J., Favier, M., Strochlic, L., Le Grand, F., Sgarioto, N., Guernec, A., Schmitt, A., et al. (2011). Genesis of muscle fiber-type diversity during mouse embryogenesis relies on Six1 and Six4 gene expression. Dev. Biol. *359*, 303–320.

Richard, I., Broux, O., Allamand, V., Fougerousse, F., Chiannilkulchai, N., Bourg, N., Brenguier, L., Devaud, C., Pasturaud, P., Roudaut, C., et al. (1995). Mutations in the proteolytic enzyme calpain 3 cause limb-girdle muscular dystrophy type 2A. Cell *81*, 27–40.

Riisager, M., Duno, M., Hansen, F.J., Krag, T.O., Vissing, C.R., and Vissing, J. (2013). A new mutation of the fukutin gene causing late-onset limb girdle muscular dystrophy. Neuromuscul. Disord. NMD *23*, 562–567.

Roberds, S.L., Leturcq, F., Allamand, V., Piccolo, F., Jeanpierre, M., Anderson, R.D., Lim, L.E., Lee, J.C., Tomé, F.M.S., Romero, N.B., et al. (1994). Missense mutations in the adhalin gene linked to autosomal recessive muscular dystrophy. Cell *78*, 625–633.

Rochlin, K., Yu, S., Roy, S., and Baylies, M.K. (2010). Myoblast fusion: When it takes more to make one. Dev. Biol. *341*, 66–83.

Rodriguez, J., Vernus, B., Toubiana, M., Jublanc, E., Tintignac, L., Leibovitch, S., and Bonnieu, A. (2011). Myostatin inactivation increases myotube size through regulation of translational initiation machinery. J. Cell. Biochem. *112*, 3531–3542.

Rondanino, C., Poland, P.A., Kinlough, C.L., Li, H., Rbaibi, Y., Myerburg, M.M., Al-bataineh Mohammad M, Kashlan, O.B., Pastor-Soler, N.M., Hallows, K.R., et al. (2011). Galectin-7 modulates the length of the primary cilia and wound repair in polarized kidney epithelial cells. Am. J. Physiol. Renal Physiol. *301*, F622–633.

Roscioli, T., Kamsteeg, E.-J., Buysse, K., Maystadt, I., van Reeuwijk, J., van den Elzen, C., van Beusekom, E., Riemersma, M., Pfundt, R., Vissers, L.E.L.M., et al. (2012). Mutations in ISPD cause Walker-Warburg syndrome and defective glycosylation of α-dystroglycan. Nat. Genet. *44*, 581–585.

Rosen, G.D., Sanes, J.R., LaChance, R., Cunningham, J.M., Roman, J., and Dean, D.C. (1992). Roles for the integrin VLA-4 and its counter receptor VCAM-1 in myogenesis. Cell *69*, 1107–1119.

Ruan, H.-B., Nie, Y., and Yang, X. (2013). Regulation of protein degradation by O-GlcNAcylation: crosstalk with ubiquitination. Mol. Cell. Proteomics MCP.

Ruschke, K., Hiepen, C., Becker, J., and Knaus, P. (2012). BMPs are mediators in tissue crosstalk of the regenerating musculoskeletal system. Cell Tissue Res. *347*, 521–544.

Ryan, J.C., Naper, C., Hayashi, S., and Daws, M.R. (2001). Physiologic functions of activating natural killer (NK) complex-encoded receptors on NK cells. Immunol. Rev. *181*, 126–137.

Ryan, N.A., Zwetsloot, K.A., Westerkamp, L.M., Hickner, R.C., Pofahl, W.E., and Gavin, T.P. (2006). Lower skeletal muscle capillarization and VEGF expression in aged vs. young men. J. Appl. Physiol. Bethesda Md 1985 *100*, 178–185.

Sadkowski, T., Jank, M., Zwierzchowski, L., Oprzadek, J., and Motyl, T. (2009). Comparison of skeletal muscle transcriptional profiles in dairy and beef breeds bulls. J. Appl. Genet. *50*, 109–123.

Saeed, A.I., Bhagabati, N.K., Braisted, J.C., Liang, W., Sharov, V., Howe, E.A., Li, J., Thiagarajan, M., White, J.A., and Quackenbush, J. (2006). TM4 microarray software suite. Methods Enzymol. *411*, 134–193.

Sarparanta, J., Jonson, P.H., Golzio, C., Sandell, S., Luque, H., Screen, M., McDonald, K., Stajich, J.M., Mahjneh, I., Vihola, A., et al. (2012). Mutations affecting the cytoplasmic functions of the co-chaperone DNAJB6 cause limb-girdle muscular dystrophy. Nat. Genet. *44*, 450–455.

Scarpellino, L., Oeschger, F., Guillaume, P., Coudert, J.D., Lévy, F., Leclercq, G., and Held, W. (2007). Interactions of Ly49 family receptors with MHC class I ligands in trans and cis. J. Immunol. Baltim. Md 1950 *178*, 1277–1284.

Schlie-Wolter, S., Ngezahayo, A., and Chichkov, B.N. (2013). The selective role of ECM components on cell adhesion, morphology, proliferation and communication in vitro. Exp. Cell Res. *319*, 1553–1561.

Schofield, R. (1978). The relationship between the spleen colony-forming cell and the haemopoietic stem cell. Blood Cells *4*, 7–25.

Schwander, M., Leu, M., Stumm, M., Dorchies, O.M., Ruegg, U.T., Schittny, J., and Müller, U. (2003). Beta1 integrins regulate myoblast fusion and sarcomere assembly. Dev. Cell *4*, 673–685.

Scimè, A., Desrosiers, J., Trensz, F., Palidwor, G.A., Caron, A.Z., Andrade-Navarro, M.A., and Grenier, G. (2010). Transcriptional profiling of skeletal muscle reveals factors that are necessary to maintain satellite cell integrity during ageing. Mech. Ageing Dev. *131*, 9–20.

Scott, D.W., Dunn, T.S., Ballestas, M.E., Litovsky, S.H., and Patel, R.P. (2013). Identification of a high-mannose ICAM-1 glycoform: effects of ICAM-1 hypoglycosylation on monocyte adhesion and outside in signaling. Am. J. Physiol. Cell Physiol. *305*, C228–237.

Seale, P., Bjork, B., Yang, W., Kajimura, S., Kuang, S., Scime, A., Devarakonda, S., Chin, S., Conroe, H.M., Erdjument-Bromage, H., et al. (2008). PRDM16 Controls a Brown Fat/Skeletal Muscle Switch. Nature *454*, 961–967.

Shin, S., Wakabayashi, N., Misra, V., Biswal, S., Lee, G.H., Agoston, E.S., Yamamoto, M., and Kensler, T.W. (2007). NRF2 modulates aryl hydrocarbon receptor signaling: influence on adipogenesis. Mol. Cell. Biol. *27*, 7188–7197.

Sieber, C., Kopf, J., Hiepen, C., and Knaus, P. (2009). Recent advances in BMP receptor signaling. Cytokine Growth Factor Rev. *20*, 343–355.

Siep, M., Sleddens-Linkels, E., Mulders, S., van Eenennaam, H., Wassenaar, E., Van Cappellen, W.A., Hoogerbrugge, J., Grootegoed, J.A., and Baarends, W.M. (2004). Basic helix-loop-helix transcription factor Tcfl5 interacts with the Calmegin gene promoter in mouse spermatogenesis. Nucleic Acids Res. *32*, 6425–6436.

Singh, N.K., Chae, H.S., Hwang, I.H., Yoo, Y.M., Ahn, C.N., Lee, S.H., Lee, H.J., Park, H.J., and Chung, H.Y. (2007). Transdifferentiation of porcine satellite cells to adipoblasts with ciglitizone. J. Anim. Sci. *85*, 1126–1135.

Snow, M.H. (1977). The effects of aging on satellite cells in skeletal muscles of mice and rats. Cell Tissue Res. *185*, 399–408.

Solaimani, P., Damoiseaux, R., and Hankinson, O. (2013). Genome Wide RNAi High Throughput Screen Identifies Proteins Necessary for the AHR-Dependent Induction of CYP1A1 by 2,3,7,8-Tetrachlorodibenzo-ρ-dioxin. Toxicol. Sci. Off. J. Soc. Toxicol.

Song, Y., McFarland, D.C., and Velleman, S.G. (2011). Role of syndecan-4 side chains in turkey satellite cell growth and development. Dev. Growth Differ. *53*, 97–109.

Spessott, W., Crespo, P.M., Daniotti, J.L., and Maccioni, H.J.F. (2012). Glycosyltransferase complexes improve glycolipid synthesis. FEBS Lett. *586*, 2346–2350.

Stalnaker, S.H., Stuart, R., and Wells, L. (2011). Mammalian O-mannosylation: unsolved questions of structure/function. Curr. Opin. Struct. Biol. *21*, 603–609.

Starkey, J.D., Yamamoto, M., Yamamoto, S., and Goldhamer, D.J. (2011). Skeletal Muscle Satellite Cells Are Committed to Myogenesis and Do Not Spontaneously Adopt Nonmyogenic Fates. J. Histochem. Cytochem. *59*, 33–46.

Steelman, C.A., Recknor, J.C., Nettleton, D., and Reecy, J.M. (2006). Transcriptional profiling of myostatin-knockout mice implicates Wnt signaling in postnatal skeletal muscle growth and hypertrophy. FASEB J. Off. Publ. Fed. Am. Soc. Exp. Biol. *20*, 580–582.

Steffensen, B., Magnuson, V.L., Potempa, C.L., Chen, D., and Klebe, R.J. (1992). Alpha 5 integrin subunit expression changes during myogenesis. Biochim. Biophys. Acta *1137*, 95–100.

Stevens, E., Carss, K.J., Cirak, S., Foley, A.R., Torelli, S., Willer, T., Tambunan, D.E., Yau, S., Brodd, L., Sewry, C.A., et al. (2013). Mutations in B3GALNT2 Cause Congenital Muscular Dystrophy and Hypoglycosylation of α-Dystroglycan. Am. J. Hum. Genet. *92*, 354–365.

Stöckl, M., Plazzo, A.P., Korte, T., and Herrmann, A. (2008). Detection of lipid domains in model and cell membranes by fluorescence lifetime imaging microscopy of fluorescent lipid analogues. J. Biol. Chem. *283*, 30828–30837.

Stowell, S.R., Arthur, C.M., Mehta, P., Slanina, K.A., Blixt, O., Leffler, H., Smith, D.F., and Cummings, R.D. (2008). Galectin-1, -2, and -3 Exhibit Differential Recognition of Sialylated Glycans and Blood Group Antigens. J. Biol. Chem. *283*, 10109–10123.

Svennerholm, L. (1963). Chromatographic separation of human brain gangliosides. J. Neurochem. *10*, 613–623.

Tajbakhsh, S., and Spörle, R. (1998). Somite development: constructing the vertebrate body. Cell *92*, 9–16.

Tajbakhsh, S., Borello, U., Vivarelli, E., Kelly, R., Papkoff, J., Duprez, D., Buckingham, M., and Cossu, G. (1998). Differential activation of Myf5 and MyoD by different Wnts in explants of mouse paraxial mesoderm and the later activation of myogenesis in the absence of Myf5. Dev. Camb. Engl. *125*, 4155–4162.

Takada, Y., Ye, X., and Simon, S. (2007). The integrins. Genome Biol. *8*, 215–215.

Talior-Volodarsky, I., Connelly, K.A., Arora, P.D., Gullberg, D., and McCulloch, C.A. (2012). α11 integrin stimulates myofibroblast differentiation in diabetic cardiomyopathy. Cardiovasc. Res.

Tatsumi, R., Anderson, J.E., Nevoret, C.J., Halevy, O., and Allen, R.E. (1998). HGF/SF is present in normal adult skeletal muscle and is capable of activating satellite cells. Dev. Biol. *194*, 114–128.

Taulet, N., Comunale, F., Favard, C., Charrasse, S., Bodin, S., and Gauthier-Rouvière, C. (2009). N-cadherin/p120 catenin association at cell-cell contacts occurs in cholesterol-rich membrane domains and is required for RhoA activation and myogenesis. J. Biol. Chem. *284*, 23137–23145.

Taylor-Jones, J.M., McGehee, R.E., Rando, T.A., Lecka-Czernik, B., Lipshitz, D.A., and Peterson, C.A. (2002). Activation of an adipogenic program in adult myoblasts with age. Mech. Ageing Dev. *123*, 649–661.

Teboul, L., Gaillard, D., Staccini, L., Inadera, H., Amri, E.Z., and Grimaldi, P.A. (1995). Thiazolidinediones and fatty acids convert myogenic cells into adipose-like cells. J. Biol. Chem. *270*, 28183–28187.

Thorsteinsdóttir, S., Deries, M., Cachaço, A.S., and Bajanca, F. (2011). The extracellular matrix dimension of skeletal muscle development. Dev. Biol. *354*, 191–207.

Thorsteinsdóttir, S., Deries, M., Cachaço, A.S., and Bajanca, F. (2012). Corrigendum to "The extracellular matrix dimension of skeletal muscle development" [Dev. Biol. 354 (2011) 191–207]. Dev. Biol. *362*, 114.

Tian, E., Hoffman, M.P., and Ten Hagen, K.G. (2012a). O-glycosylation modulates integrin and FGF signalling by influencing the secretion of basement membrane components. Nat. Commun. *3*, 869.

Tian, Y., Denda-Nagai, K., Kamata-Sakurai, M., Nakamori, S., Tsukui, T., Itoh, Y., Okada, K., Yi, Y., and Irimura, T. (2012b). Mucin 21 in esophageal squamous epithelia and carcinomas: analysis with glycoform-specific monoclonal antibodies. Glycobiology *22*, 1218–1226.

Troen, B.R. (2003). Molecular mechanisms underlying osteoclast formation and activation. Exp. Gerontol. *38*, 605–614.

Trudel, G., Ryan, S.E., Rakhra, K., and Uhthoff, H.K. (2012). Muscle tissue atrophy, extramuscular and intramuscular fat accumulation, and fat gradient after delayed repair of the supraspinatus tendon: A comparative study in the rabbit. J. Orthop. Res. Off. Publ. Orthop. Res. Soc. *30*, 781–786.

Tucker, R.P., Drabikowski, K., Hess, J.F., Ferralli, J., Chiquet-Ehrismann, R., and Adams, J.C. (2006). Phylogenetic analysis of the tenascin gene family: evidence of origin early in the chordate lineage. BMC Evol. Biol. *6*, 60.

Ullah, M., Sittinger, M., and Ringe, J. Extracellular matrix of adipogenically differentiated mesenchymal stem cells reveals a network of collagen filaments, mostly interwoven by hexagonal structural units. Matrix Biol.

Urciuolo, A., Quarta, M., Morbidoni, V., Gattazzo, F., Molon, S., Grumati, P., Montemurro, F., Tedesco, F.S., Blaauw, B., Cossu, G., et al. (2013). Collagen VI regulates satellite cell self-renewal and muscle regeneration. Nat. Commun. *4*.

Vaes, B.L.T., Dechering, K.J., Feijen, A., Hendriks, J.M.A., Lefèvre, C., Mummery, C.L., Olijve, W., Van Zoelen, E.J.J., and Steegenga, W.T. (2002). Comprehensive Microarray Analysis of Bone Morphogenetic Protein 2-Induced Osteoblast Differentiation Resulting in the Identification of Novel Markers for Bone Development. J. Bone Miner. Res. *17*, 2106–2118.

Varki, A., Cummings, R.D., Esko, J.D., Freeze, H.H, Stanley, P., Bertozzi, C.R., Hart, G.W. and Etzler, M.E., (2009). Essentials of Glycobiology (Cold Spring Harbor (NY): Cold Spring Harbor Laboratory Press).

Velleman, S.G. (1999). The role of the extracellular matrix in skeletal muscle development. Poult. Sci. *78*, 778–784.

Villena, J., and Brandan, E. (2004). Dermatan sulfate exerts an enhanced growth factor response on skeletal muscle satellite cell proliferation and migration. J. Cell. Physiol. *198*, 169–178.

Vogel, C.F.A., and Matsumura, F. (2003). Interaction of 2,3,7,8-tetrachlorodibenzo-p-dioxin (TCDD) with induced adipocyte differentiation in mouse embryonic fibroblasts (MEFs) involves tyrosine kinase c-Src. Biochem. Pharmacol. *66*, 1231–1244.

Volonte, D., Peoples, A.J., and Galbiati, F. (2003). Modulation of myoblast fusion by caveolin-3 in dystrophic skeletal muscle cells: implications for Duchenne muscular dystrophy and limb-girdle muscular dystrophy-1C. Mol. Biol. Cell *14*, 4075–4088.

Vuillaumier-Barrot, S., Quijano-Roy, S., Bouchet-Seraphin, C., Maugenre, S., Peudenier, S., Van den Bergh, P., Marcorelles, P., Avila-Smirnow, D., Chelbi, M., Romero, N.B., et al. (2009). Four Caucasian patients with mutations in the fukutin gene and variable clinical phenotype. Neuromuscul. Disord. NMD *19*, 182–188.

Vuillaumier-Barrot, S., Bouchet-Séraphin, C., Chelbi, M., Devisme, L., Quentin, S., Gazal, S., Laquerrière, A., Fallet-Bianco, C., Loget, P., Odent, S., et al. (2012). Identification of Mutations in TMEM5 and ISPD as a Cause of Severe Cobblestone Lissencephaly. Am. J. Hum. Genet. *91*, 1135–1143.

Wang, Y.H., Bower, N.I., Reverter, A., Tan, S.H., De Jager, N., Wang, R., McWilliam, S.M., Cafe, L.M., Greenwood, P.L., and Lehnert, S.A. (2009). Gene expression patterns during intramuscular fat development in cattle. J. Anim. Sci. *87*, 119–130.

Wickström, S.A., and Fässler, R. (2011). Regulation of membrane traffic by integrin signaling. Trends Cell Biol. *21*, 266–273.

Wikström, L., and Lodish, H.F. (1993). Unfolded H2b asialoglycoprotein receptor subunit polypeptides are selectively degraded within the endoplasmic reticulum. J. Biol. Chem. *268*, 14412–14416.

Willer, T., Lee, H., Lommel, M., Yoshida-Moriguchi, T., de Bernabe, D.B.V., Venzke, D., Cirak, S., Schachter, H., Vajsar, J., Voit, T., et al. (2012). ISPD loss-of-function mutations disrupt dystroglycan O-mannosylation and cause Walker-Warburg syndrome. Nat. Genet. *44*, 575–580.

Wilschut, K.J., van Tol, H.T.A., Arkesteijn, G.J.A., Haagsman, H.P., and Roelen, B.A.J. (2011). Alpha 6 integrin is important for myogenic stem cell differentiation. Stem Cell Res. *7*, 112–123.

Wilson, E.M., and Rotwein, P. (2006). Control of MyoD function during initiation of muscle differentiation by an autocrine signaling pathway activated by insulin-like growth factor-II. J. Biol. Chem. *281*, 29962–29971.

Wolf, M.T., Daly, K.A., Reing, J.E., and Badylak, S.F. (2012). Biologic scaffold composed of skeletal muscle extracellular matrix. Biomaterials *33*, 2916–2925.

Wolfman, N.M., McPherron, A.C., Pappano, W.N., Davies, M.V., Song, K., Tomkinson, K.N., Wright, J.F., Zhao, L., Sebald, S.M., Greenspan, D.S., et al. (2003). Activation of latent myostatin by the BMP-1/tolloid family of metalloproteinases. Proc. Natl. Acad. Sci. U. S. A. *100*, 15842–15846.

Wood, A.J., Müller, J.S., Jepson, C.D., Laval, S.H., Lochmüller, H., Bushby, K., Barresi, R., and Straub, V. (2011). Abnormal vascular development in zebrafish models for fukutin and FKRP deficiency. Hum. Mol. Genet. *20*, 4879–4890.

Woods, A., Couchman, J.R., Johansson, S., and Höök, M. (1986). Adhesion and cytoskeletal organisation of fibroblasts in response to fibronectin fragments. EMBO J. *5*, 665–670.

Yaffe, D., and Saxel, O. (1977). A myogenic cell line with altered serum requirements for differentiation. Differ. Res. Biol. Divers. *7*, 159–166.

Yang, H., Wang, S.-W., Liu, Z., Wu, M.-W.H., McAlpine, B., Ansel, J., Armstrong, C., and Wu, G.-J. (2001). Isolation and characterization of mouse MUC18 cDNA gene, and correlation of MUC18 expression in mouse melanoma cell lines with metastatic ability. Gene *265*, 133–145.

Yildiz, O. (2007). Vascular smooth muscle and endothelial functions in aging. Ann. N. Y. Acad. Sci. *1100*, 353–360.

Yokoyama, S., and Asahara, H. (2011). The myogenic transcriptional network. Cell. Mol. Life Sci. *68*, 1843–1849.

Yokoyama, S., Ito, Y., Ueno-Kudoh, H., Shimizu, H., Uchibe, K., Albini, S., Mitsuoka, K., Miyaki, S., Kiso, M., Nagai, A., et al. (2009). A systems approach reveals that the myogenesis genome network is regulated by the transcriptional repressor RP58. Dev. Cell *17*, 836–848.

Yoon, K.J., Phelps, D.A., Bush, R.A., Remack, J.S., Billups, C.A., and Khoury, J.D. (2008). ICAM-2 Expression Mediates a Membrane-Actin Link, Confers a Nonmetastatic Phenotype and Reflects Favorable Tumor Stage or Histology in Neuroblastoma. PLoS ONE *3*.

Yoshida, A., Kobayashi, K., Manya, H., Taniguchi, K., Kano, H., Mizuno, M., Inazu, T., Mitsuhashi, H., Takahashi, S., and Takeuchi, M. (2001). Muscular Dystrophy and Neuronal Migration Disorder Caused by Mutations in a Glycosyltransferase, POMGnT1. Dev. Cell *1*, 717–724.

Yoshida-Moriguchi, T., Yu, L., Stalnaker, S.H., Davis, S., Kunz, S., Madson, M., Oldstone, M.B.A., Schachter, H., Wells, L., and Campbell, K.P. (2010). O-mannosyl phosphorylation of alpha-dystroglycan is required for laminin binding. Science *327*, 88–92.

Yu, R.K., Nakatani, Y., and Yanagisawa, M. (2008). The role of glycosphingolipid metabolism in the developing brain. J. Lipid Res. *50*, S440–S445.

Zaidel-Bar, R., Itzkovitz, S., Ma'ayan, A., Iyengar, R., and Geiger, B. (2007). Functional atlas of the integrin adhesome. Nat. Cell Biol. *9*, 858–867.

Zhang, X., Nestor, K.E., McFarland, D.C., and Velleman, S.G. (2008). The role of syndecan-4 and attached glycosaminoglycan chains on myogenic satellite cell growth. Matrix Biol. J. Int. Soc. Matrix Biol. *27*, 619–630.

Zhang, Y., Sinaiko, A.R., and Nelsestuen, G.L. (2012). Glycoproteins and glycosylation: apolipoprotein c3 glycoforms by top-down maldi-tof mass spectrometry. Methods Mol. Biol. Clifton NJ *909*, 141–150.

Zhou, H., Kartsogiannis, V., Hu, Y.S., Elliott, J., Quinn, J.M., McKinstry, W.J., Gillespie, M.T., and Ng, K.W. (2001). A novel osteoblast-derived C-type lectin that inhibits osteoclast formation. J. Biol. Chem. *276*, 14916–14923.

Zhou, Q., Hakomori, S., Kitamura, K., and Igarashi, Y. (1994). GM3 directly inhibits tyrosine phosphorylation and de-N-acetyl-GM3 directly enhances serine phosphorylation of epidermal growth factor receptor, independently of receptor-receptor interaction. J. Biol. Chem. *269*, 1959–1965.

Zhu, S., Goldschmidt-Clermont, P.J., and Dong, C. (2004). Transforming growth factor-beta-induced inhibition of myogenesis is mediated through Smad pathway and is modulated by microtubule dynamic stability. Circ. Res. *94*, 617–625.

Zimmers, T.A., Davies, M.V., Koniaris, L.G., Haynes, P., Esquela, A.F., Tomkinson, K.N., McPherron, A.C., Wolfman, N.M., and Lee, S.-J. (2002). Induction of Cachexia in Mice by Systemically Administered Myostatin. Science *296*, 1486–1488.

Zuk, P.A., Zhu, M., Mizuno, H., Huang, J., Futrell, J.W., Katz, A.J., Benhaim, P., Lorenz, H.P., and Hedrick, M.H. (2001). Multilineage cells from human adipose tissue: implications for cell-based therapies. Tissue Eng. *7*, 211–228.

Oui, je veux morebooks!

I want morebooks!

Buy your books fast and straightforward online - at one of the world's fastest growing online book stores! Environmentally sound due to Print-on-Demand technologies.

Buy your books online at
www.get-morebooks.com

Achetez vos livres en ligne, vite et bien, sur l'une des librairies en ligne les plus performantes au monde!
En protégeant nos ressources et notre environnement grâce à l'impression à la demande.

La librairie en ligne pour acheter plus vite
www.morebooks.fr

VDM Verlagsservicegesellschaft mbH
Heinrich-Böcking-Str. 6-8　　　　　　　　　　　　info@vdm-vsg.de
D - 66121 Saarbrücken　　Telefax: +49 681 93 81 567-9　　www.vdm-vsg.de

Printed by Books on Demand GmbH, Norderstedt / Germany